高等职业教育消防工程技术专业教学基本要求

高职高专教育土建类专业教学指导委员会
市政工程类专业分指导委员会　编制

中国建筑工业出版社

图书在版编目(CIP)数据

高等职业教育消防工程技术专业教学基本要求/高职高专

教育土建类专业教学指导委员会编制. —北京:中国建筑

工业出版社,2014.12

ISBN 978-7-112-17551-2

Ⅰ.①高… Ⅱ.①高… Ⅲ.①建筑物-消防-高等职业

教育-教学参考资料 Ⅳ.①TU998.1

中国版本图书馆 CIP 数据核字(2014)第 274649 号

责任编辑:朱首明 王美玲

责任设计:李志立

责任校对:李美娜 关 健

高等职业教育消防工程技术专业教学基本要求

高职高专教育土建类专业教学指导委员会
市政工程类专业分指导委员会 编制

*

中国建筑工业出版社出版、发行(北京西郊百万庄)

各地新华书店、建筑书店经销

北京红光制版公司制版

北京七彩京通数码快印有限公司印刷

*

开本:787×1092毫米 1/16 印张:5½ 字数:122千字

2015年7月第一版 2015年7月第一次印刷

定价:**19.00**元

ISBN 978-7-112-17551-2

(26725)

土建类专业教学基本要求审定委员会名单

主　任： 吴　泽

副主任： 王凤君　袁洪志　徐建平　胡兴福

委　员：（按姓氏笔画排序）

丁夏君　马松雯　王　强　危道军　刘春泽

李　辉　张朝晖　陈锡宝　武　敬　范柳先

季　翔　周兴元　赵　研　贺俊杰　夏清东

高文安　黄兆康　黄春波　银　花　蒋志良

谢社初　裴　杭

出 版 说 明

近年来，土建类高等职业教育迅猛发展。至 2011 年，开办土建类专业的院校达 1130 所，在校生近 95 万人。但是，各院校的土建类专业发展极不平衡，办学条件和办学质量参差不齐，有的院校开办土建类专业，主要是为了满足行业企业粗放式发展所带来的巨大人才需求，而不是经过办学方的长远规划、科学论证和科学决策产生的自然结果。部分院校的人才培养质量难以让行业企业满意。这对土建类专业本身和土建类专业人才的可持续发展，以及服务于行业企业的技术更新和产业升级带来了极大的不利影响。

正是基于上述原因，高职高专教育土建类专业教学指导委员会（以下简称"土建教指委"）遵从"研究、指导、咨询、服务"的工作方针，始终将专业教育标准建设作为一项核心工作来抓。2010 年启动了新一轮专业教育标准的研制，名称定为"专业教学基本要求"。在教育部、住房和城乡建设部的领导下，在土建教指委的统一组织和指导下，由各分指导委员会组织全国不同区域的相关高等职业院校专业带头人和骨干教师分批进行专业教学基本要求的编制。其工作目标是，到 2013 年底，完成《普通高等学校高职高专教育指导性专业目录（试行）》所列 27 个专业的教学基本要求编制，并陆续开发部分目录外专业的教学基本要求。在百余所高等职业院校和近百家相关企业进行了专业人才培养现状和企业人才需求的调研基础上，历经多次专题研讨修改，截至 2012 年 12 月，完成了第一批 11 个专业教学基本要求的研制工作。

专业教学基本要求集中体现了土建教指委对本轮专业教育标准的改革思想，主要体现在两个方面：

第一，为了给各院校留出更大的空间，倡导各学校根据自身条件和特色构建校本化的课程体系，各专业教学基本要求只明确了各专业教学内容体系（包括知识体系和技能体系），不再以课程形式提出知识和技能要求，但倡导工学结合、理实一体的课程模式，同时实践教学也应形成由基础训练、综合训练、顶岗实习构成的完整体系。知识体系分为知识领域、知识单元和知识点三个层次。知识单元又分为核心知识单元和选修知识单元。核心知识单元提供的是知识体系的最小集合，是该专业教学中必要的最基本的知识单元；选修知识单元是指不在核心知识单元内的那些知识单元。核心知识单元的选择是最基本的共性的教学要求，选修知识单元的选择体现各校的不同特色。同样，技能体系分为技能领域、技能单元和技能点三个层次组成。技能单元又分为核心技能单元和选修技能单元。核心技能单元是该专业教学中必要的最基本的技能单元；选修技能单元是指不在核心技能单元内的那些技能单元。核心技能单元的选择是最基本的共性的教学要求，选修技能单元的选择体现各校的不同特色。但是，考虑到部分院校的实际教学需求，专业教学基本要求在附录1《专业教学基本要求实施示例》中给出了课程体系组合示例，可供有关院校参考。

第二，明确提出了各专业校内实训及校内实训基地建设的具体要求（见附录2），包括：实训项目及其能力目标、实训内容、实训方式、评价方式，校内实训的设备（设施）配置标准和运行管理要求，实训师资的数量和结构要求等。实训项目分为基本实训项目、选择实训项目和拓展实训项目三种类型。基本实训项目是与专业培养目标联系紧密，各院校必须开设，且必须在校内完成的职业能力训练项目；选择实训项目是与专业培养目标联系紧密，各院校必须开设，但可以在校内或校外完成的职业能力训练项目；拓展实训项目是与专业培养目标相联系，体现专业发展特色，可根据各院校实际需要开设的职业能力训练项目。

受土建教指委委托，中国建筑工业出版社负责土建类各专业教学基本要求的出版发行。

土建类各专业教学基本要求是土建教指委委员和参与这项工作的教师集体智慧的结晶，谨此表示衷心的感谢。

高职高专教育土建类专业教学指导委员会
2012 年 12 月

前　言

《高等职业教育消防工程技术专业教学基本要求》是根据教育部《关于委托各专业类教学指导委员会制（修）定"高等职业教育专业教学基本要求"的通知》（教职成司函【2011】158号）与住房和城乡建设部的有关要求，在高职高专教育土建类专业教学指导委员会的组织领导下，由市政工程类专业分指导委员会组织编制完成。

本教学基本要求编制过程中，针对职业岗位、专业人才培养目标与规格，开展了广泛调查研究，结合长期的教学实践，构建专业知识体系与专业技能体系，经过充分征求意见和多次修改而定稿。本要求是高等职业教育消防工程技术专业建设的指导性文件。

本教学基本要求主要内容是：专业名称、专业代码、招生对象、学制与学历、就业面向、培养目标与规格、职业证书、教育内容及标准、专业办学基本条件和教学建议、继续学习深造建议；包括两个附录，一个是"消防工程技术专业教学基本要求实施示例"，另一个是"消防工程技术专业校内实训及校内实训基地建设导则"。

本教学基本要求适用于以普通高中毕业生和中职毕业生为招生对象、三年学制的消防工程技术专业，教育内容包括知识体系和技能体系，倡导各学校根据自身条件和特色构建校本化的课程体系，课程体系应覆盖知识/技能体系的知识/技能单元，尤其是核心知识/核心技能单元，倡导工学结合、理实一体的课程模式。

本教学基本要求编审委员会：

主 任 委 员：贺俊杰

副主任委员：范柳先、张　迪

委　　　员：（按姓氏笔画排序）

马精凭　边喜龙　邓爱华　匡希龙　张宝军　张银会　李　峰　李伙穆

邱琴忠　周美新　相会强　韩培江　谭翠萍

主 编 单 位：广西建设职业技术学院

主要执笔人：陈红　黄永光　黎福梅　李友化

主要审核人：贺俊杰　范柳先　张　迪　谭翠萍

专业指导委员会衷心地希望，全国各有关高职院校能够在本文件的指导下，进行积极的探索和深入的研究，为不断完善消防工程技术专业的建设与发展作出自己的贡献。

高职高专教育土建类专业教学指导委员会

市政工程类专业分指导委员会　贺俊杰

目　　录

高等职业教育消防工程技术专业教学基本要求

1 专业名称

消防工程技术

2 专业代码

560605

3 招生对象

普通高中毕业生、中职毕业生

4 学制与学历

三年制，专科

5 就业面向

5.1 就业职业领域

消防工程施工、消防工程设计、消防工程检测、消防设施维护保养等企事业单位。

5.2 初始就业岗位群

主要岗位为消防工程施工员、运行维护管理技术员、设计员、检测员；相关岗位为监理员、造价员、材料员、质量员、安全员、资料员等。

5.3 发展或晋升岗位群

毕业后3~9年，可发展或晋升的岗位群有：助理工程师、工程师；注册消防工程师、注册建造师、注册造价工程师、注册公用设备工程师、注册监理工程师等。

6 培养目标与规格

6.1 培养目标

培养德、智、体、美全面发展，具有良好职业道德、科学创新精神，掌握必备的基本理论知识，具有较强实践能力，能从事消防工程施工、消防设施运行维护管理、消防工程设计、消防工程检测等工作的高级技术技能人才。

6.2 人才培养规格

6.2.1 基本素质

(1) 思想素质：拥护中国共产党的领导，具有正确的世界观、人生观、价值观，具有良好的社会公德和职业道德。

(2) 文化素质：具有必要的人文社会科学知识，具有必要的科学文化基本知识，具有相关工程建设、经济法规等知识。

(3) 身体素质：身体健康、心理健康。

6.2.2 知识要求

(1) 掌握计算机应用的基本知识；

(2) 掌握消防工程施工图纸识读与绘制的基本知识；

(3) 掌握消防工程设计的基本知识；

(4) 掌握消防设施运行管理和维护的基本知识；

(5) 掌握消防工程检测的基本知识；

(6) 掌握消防工程施工的基本知识；

(7) 掌握消防工程造价的基本知识；

(8) 掌握工程建设法规的基本知识。

6.2.3 能力要求

(1) 具有熟练操作计算机的能力；

(2) 具有消防工程施工图识读和绘制的能力；

(3) 具有消防工程施工与施工管理的能力；

(4) 具有消防设施运行管理与维护的能力；

(5) 具有消防工程设计的能力；

(6) 具有消防工程检测的能力；

(7) 具有消防工程造价管理的能力。

6.2.4 职业态度

(1) 诚实守信，勇于担当；

(2) 踏实肯干、吃苦耐劳；

（3）遵纪守则、团结合作；

（4）科学严谨、发展创新。

7 职业证书

毕业时，应获取消防工程施工员、造价员、资料员、质量员、安全员等不少于1个专业管理人员岗位证书。

8 教育内容及标准

8.1 专业教育内容体系

消防工程技术专业职业岗位能力与知识分析见表1。

消防工程技术专业职业岗位能力与知识分析表   表1

职业岗位	职业核心能力	主要知识领域
消防工程施工员	1. 消防工程施工图识读能力； 2. 消防工程施工技术应用能力； 3. 编制施工组织设计能力； 4. 施工现场质量、进度、成本、安全、资料管理能力； 5. 消防工程竣工图绘制能力； 6. 沟通交流能力	1. 工程图绘制原理与识读方法； 2. 消防灭火系统基本原理和方法； 3. 建筑防排烟系统基本原理和方法； 4. 火灾自动报警系统基本原理和方法； 5. 消防工程施工技术与管理； 6. 计算机应用技术； 7. 人文社会科学知识
消防工程设计员	1. 消防工程施工图绘制能力； 2. 消防灭火系统设计能力； 3. 建筑防排烟系统设计能力； 4. 火灾自动报警系统设计能力； 5. 消防工程设计软件应用能力； 6. 沟通交流能力	1. 工程图绘制原理与识读方法； 2. 消防灭火系统基本原理和方法； 3. 建筑防排烟系统基本原理和方法； 4. 火灾自动报警系统基本原理和方法； 5. 消防工程施工技术和方法； 6. 计算机应用技术； 7. 人文社会科学知识
消防工程造价员	1. 消防工程施工图识读能力； 2. 编制工程量清单能力； 3. 编制招标控制价、投标价能力； 4. 编写投标文件能力； 5. 沟通交流能力	1. 工程图绘制原理与识读方法； 2. 消防灭火系统基本原理和方法； 3. 建筑防排烟系统基本原理和方法； 4. 火灾自动报警系统基本原理和方法； 5. 消防工程施工技术与管理； 6. 消防工程计量与计价原理和方法； 7. 计算机应用技术； 8. 人文社会科学知识

职业岗位	职业核心能力	主要知识领域
消防设施维护保养技术员	1. 操作消防检测仪器能力； 2. 设施维修及排除故障能力； 3. 收集整理技术资料能力； 4. 沟通交流能力	1. 消防设施维护保养方法； 2. 消防灭火系统基本原理和方法； 3. 建筑防排烟系统基本原理和方法； 4. 火灾自动报警系统基本原理和方法； 5. 技术资料管理方法； 6. 计算机应用技术； 7. 人文社会科学知识
消防工程检测员	1. 应用消防工程设计及施工验收规范能力； 2. 操作消防检测仪器能力； 3. 各种消防系统测试能力； 4. 收集整理技术资料并完成检测报告能力； 5. 沟通交流的能力	1. 消防工程检测方法； 2. 消防灭火系统基本原理和方法； 3. 建筑防排烟系统基本原理和方法； 4. 火灾自动报警系统基本原理和方法； 5. 技术资料管理方法； 6. 技术报告撰写方法； 7. 计算机应用技术； 8. 人文社会科学知识

消防工程技术专业教育内容体系见表2。

消防工程技术专业教育内容体系　　　　　　　　　　　　　　　　表2

专业教育内容体系	普通教育内容	思想教育	思想道德修养与法律基础
			毛泽东思想和中国特色社会主义理论体系
			形势与政策
		自然科学	高等数学
		人文社会科学	应用文写作
			国防教育
			职业规划与就业指导
			心理健康教育
			社交礼仪
			公共关系学
			艺术欣赏
			现代文学欣赏
		外语	英语
		计算机信息技术	计算机应用基础
		体育	体育与健康
		实践训练	军事训练
			公益活动
			社会调查活动
			科技服务活动

专业教育内容体系	专业教育内容	专业基础理论	计算机应用技术
			工程图绘制原理与识读方法
			消防灭火系统基本原理和方法
			建筑防排烟系统基本原理和方法
			火灾自动报警系统基本原理和方法
			消防工程施工技术与管理
			消防工程计量与计价原理和方法
		专业实践训练	消防工程施工图识读与绘制
			建筑灭火系统设计
			建筑防排烟系统设计
			火灾自动报警系统设计
			消防工程施工
			消防工程施工组织设计
			消防工程量清单计价
		选修实践训练	水力学实训
			室外消防管道安装
			消防水炮灭火系统设计
			气体灭火系统设计
			消防系统检测实训
	拓展教育内容	拓展理论基础	工程监理知识
			建筑电气工程知识
			供热工程知识
			通风与空调工程知识
			市场营销
			专业英语
		拓展实践训练	二氧化碳灭火系统设计
			干粉灭火系统设计
			建筑电气工程设计
			通风与空调工程设计

8.2 专业教学内容及标准

1. 专业知识、技能体系

（1）消防工程技术专业知识体系见表3。

消防工程技术专业知识体系　　　　　　　　　　表3

知 识 领 域	知 识 单 元		知 识 点
1. 计算机应用技术	核心知识单元	（1）计算机辅助设计软件	1）绘图基本设置 2）工程图绘制与标注 3）工程图编辑修改 4）工程图打印

知 识 领 域	知 识 单 元		知 识 点
1. 计算机应用技术	核心知识单元	(2) 工程计价软件	1) 建立工程档案 2) 工程量清单输入 3) 设定工程取费费率 4) 工程量清单计价 5) 计价文件打印
		(3) 施工组织设计软件	1) 施工平面图绘制 2) 施工网络图绘制 3) 成果打印
	选修知识单元	工程资料管理软件	1) 建筑工程资料管理 2) 工程质量验收资料管理 3) 安全资料管理
2. 工程图绘制原理与识读方法	核心知识单元	(1) 投影基本原理	1) 三面投影规律与画法 2) 斜轴测投影规律与画法 3) 相交线画法 4) 展开图画法
		(2) 消防工程图	1) 制图标准 2) 制图工具绘图 3) 计算机绘图 4) 消防工程图识读 5) 消防工程图绘制
	选修知识单元	(1) 建筑电气工程图	1) 建筑电气工程图识读 2) 建筑电气工程图绘制
		(2) 供热工程图	1) 供热工程图识读 2) 供热工程图绘制
		(3) 通风与空调工程图	1) 通风与空调工程图识读 2) 通风与空调工程图绘制
3. 消防灭火系统基本原理和方法	核心知识单元	(1) 流体静力学	1) 流体静压强定义及特征 2) 静水压强基本方程式及应用 3) 压强的测量 4) 静水总压力计算
		(2) 流体动力学	1) 流体运动的基本概念 2) 恒定流连续方程及应用 3) 恒定流能量方程及应用 4) 恒定流动量方程及应用
		(3) 流动阻力与水头损失	1) 层流与紊流定义及判断 2) 均匀流基本方程形式 3) 沿程水头损失计算 4) 局部水头损失计算

知识领域	知识单元	知识点
3. 消防灭火系统基本原理和方法	核心知识单元	(4) 水泵	1) 水泵分类 2) 离心泵的构造与工作原理 3) 离心泵的特性与选择 4) 水泵串联、并联工作特性
		(5) 建筑灭火器配置	1) 灭火器配置场所 2) 灭火器的选择 3) 灭火器的设置 4) 灭火器的配置 5) 灭火器配置设计计算
		(6) 消火栓灭火系统	1) 室外消防管道系统组成 2) 室内消火栓灭火系统组成 3) 室内消火栓灭火系统布置 4) 室内消火栓管道水力计算 5) 消火栓灭火系统管道及设备的维护管理
		(7) 自动喷水灭火系统	1) 自动喷水灭火系统设置场所 2) 自动喷水灭火系统选型 3) 自动喷水灭火系统组成 4) 自动喷水灭火系统喷头与管道布置 5) 自动喷水灭火系统管道水力计算 6) 自动喷水灭火系统管道及设备的维护管理
	选修知识单元	(1) 消防炮灭火系统	1) 消防炮灭火系统设置场所 2) 消防炮灭火系统选型 3) 消防炮灭火系统组成 4) 消防炮灭火系统设计 5) 消防炮灭火系统管道及设备的维护与管理
		(2) 气体灭火系统	1) 气体灭火系统设置场所 2) 气体灭火系统选型 3) 气体灭火系统组成 4) 气体灭火系统设计 5) 气体灭火系统管道及设备的维护与管理
		(3) 泡沫灭火系统	1) 泡沫灭火系统设置场所 2) 泡沫灭火系统选型 3) 泡沫灭火系统组成 4) 泡沫灭火系统设计 5) 泡沫灭火系统管道及设备的维护与管理
		(4) 干粉灭火系统	1) 干粉灭火系统设置场所 2) 干粉灭火系统选型 3) 干粉灭火系统组成 4) 干粉灭火系统设计 5) 干粉灭火系统管道及设备的维护与管理

知 识 领 域	知 识 单 元		知 识 点
4. 建筑防排烟系统基本原理和方法	核心知识单元	(1) 烟气控制基础知识	1) 烟气的流动特性与控制 2) 自然通风基本原理 3) 防火分区和防烟分区
		(2) 自然排烟	1) 自然排烟口的布置 2) 自然排烟设计方法
		(3) 机械排烟	1) 机械排烟方式及系统组成 2) 排烟量的计算 3) 排烟口的设计要求 4) 排烟风机的设计要求 5) 排烟风管设计方法
		(4) 机械加压送风防烟	1) 机械加压送风防烟设施设置部位 2) 机械加压送风防烟系统的设计方法
		(5) 地下车库通风与防排烟	1) 地下车库的通风量与排烟量的确定方法 2) 地下车库通风与防排烟的设计方法
5. 火灾自动报警系统基本原理和方法	核心知识单元	(1) 电气控制基本知识	1) 常用低压电器的结构、工作原理与应用 2) 基本电气控制线路的识图、分析与安装方法
		(2) 防排烟系统电气控制	1) 防排烟系统电气控制线路分析方法 2) 防排烟系统电气控制线路的安装与调试方法
		(3) 防火卷帘电气控制	1) 防火卷帘电气控制线路分析方法 2) 防火卷帘电气控制线路的安装与调试方法
		(4) 消防水泵电气控制	1) 消火栓水泵、自动喷淋泵电气控制线路分析方法 2) 消火栓水泵、自动喷淋泵电气控制线路的安装与调试方法
		(5) 火灾自动报警系统	1) 建筑物的分类、保护范围的确定 2) 火灾自动报警系统基本知识 3) 火灾自动报警系统组成设备 4) 火灾自动报警系统设计内容、设计方法
		(6) 消防联动控制系统	1) 消防灭火系统联动控制设计的基本知识 2) 消防应急广播系统联动控制的基本知识 3) 消防专用电话系统联动控制的基本知识 4) 防排烟系统联动控制的基本知识 5) 电梯联动控制的基本知识 6) 防火卷帘系统联动控制的基本知识 7) 消防应急照明和疏散指示系统联动控制的基本知识 8) 消防联动控制系统设计内容、设计方法

知识领域	知识单元	知识单元	知识点
6. 消防工程施工技术与管理	核心知识单元	(1) 常规仪器施工测量	1) 水准仪和高程测量 2) 经纬仪和角度测量 3) 距离测量 4) 平面、高程控制测量 5) 地形图测绘与应用 6) 施工测量放线
		(2) 室外消防管道施工	1) 沟槽开挖方法 2) 消防管道敷设方法 3) 沟槽回填方法 4) 消防附属构筑物施工方法 5) 施工质量验收标准与评定方法
		(3) 室内消防管道安装	1) 消防管道下料加工方法 2) 消防管道连接与固定方法 3) 安装质量验收标准与评定方法
		(4) 消防水设备安装	1) 消火栓箱安装方法 2) 消防水泵接合器安装方法 3) 报警阀组安装方法 4) 水流指示器、喷头安装方法 5) 消防水泵、水箱、水池安装方法 6) 安装质量验收标准与评定方法
		(5) 建筑防排烟设施安装	1) 常见风管管材及制作工艺 2) 风管的连接及支吊架的安装方法 3) 通风设备的安装方法 4) 安装质量验收标准与评定方法
		(6) 消防电气管线施工	1) 钢管配线施工工艺 2) PVC管暗配线施工工艺 3) 金属线槽配线施工工艺 4) 施工质量验收标准与评定方法
		(7) 消防电气设备安装与调试	1) 火灾探测器的安装方法 2) 控制器类设备的安装方法 3) 消防电源配电箱的安装方法 4) 火灾自动报警系统其他设备的安装方法 5) 火灾自动报警系统管理软件的应用 6) 火灾自动报警系统调试内容与方法 7) 火灾自动报警系统施工质量验收标准与评定方法
		(8) 消防工程施工组织	1) 流水施工 2) 网络计划 3) 施工进度计划 4) 单位工程施工组织设计

知识领域	知识单元	知识单元	知识点
6. 消防工程施工技术与管理	核心知识单元	(9) 消防工程施工管理	1) 施工现场管理 2) 施工技术管理 3) 资源管理 4) 安全生产管理 5) 文件资料管理
7. 消防工程计量与计价原理和方法	核心知识单元	(1) 工程建设与建设工程费用	1) 工程建设程序 2) 建设工程费用组成
		(2) 消防灭火系统工程定额	1) 消防灭火系统工程消耗量定额 2) 消防灭火系统工程费用定额
		(3) 消防灭火系统工程造价	1) 消防灭火系统工程量清单编制 2) 消防灭火系统工程量清单计价
		(4) 建筑防排烟系统工程定额	1) 建筑防排烟系统工程消耗量定额 2) 建筑防排烟系统工程费用定额
		(5) 建筑防排烟系统工程造价	1) 建筑防排烟系统工程量清单编制 2) 建筑防排烟系统工程量清单计价
		(6) 火灾自动报警系统工程定额	1) 火灾自动报警系统工程消耗量定额 2) 火灾自动报警系统工程费用定额
		(7) 火灾自动报警系统工程造价	1) 火灾自动报警系统工程量清单编制 2) 火灾自动报警系统工程量清单计价
		(8) 工程招标投标基本知识	1) 招标条件与招标公告 2) 招标文件 3) 投标文件 4) 开标与评标 5) 中标与合同签订
	选修知识单元	(1) 建筑电气工程造价	1) 建筑电气工程量清单编制 2) 建筑电气工程量清单计价
		(2) 供热工程造价	1) 供热工程量清单编制 2) 供热工程量清单计价
		(3) 通风与空调工程造价	1) 通风与空调工程清单编制 2) 通风与空调工程量清单计价

（2）消防工程技术专业技能体系见表4。

消防工程技术专业技能体系　　　　　　　　　　　表4

技 能 领 域	技 能 单 元		技 能 点
1. 工程图识读与绘制	核心技能单元	（1）消防灭火系统工程图识读与绘制	1）消防灭火系统工程图识读 2）消防灭火系统工程图绘制
		（2）建筑防排烟系统工程图识读与绘制	1）建筑防排烟系统工程图识读 2）建筑防排烟系统工程图绘制
		（3）火灾自动报警系统工程图识读与绘制	1）火灾自动报警系统工程图识读 2）火灾自动报警系统工程图绘制
	选修技能单元	（1）消防炮灭火系统工程图识读与绘制	1）消防炮灭火系统工程图识读 2）消防炮灭火系统工程图绘制
		（2）气体灭火系统工程图识读与绘制	1）气体灭火系统工程图识读 2）气体灭火系统工程图绘制
		（3）泡沫灭火系统工程图识读与绘制	1）泡沫灭火系统工程图识读 2）泡沫灭火系统工程图绘制
		（4）干粉灭火系统工程图识读与绘制	1）干粉灭火系统工程图识读 2）干粉灭火系统工程图绘制
		（5）建筑电气工程图识读与绘制	1）建筑电气工程图识读 2）建筑电气工程图绘制
		（6）供热工程图识读与绘制	1）供热工程图识读 2）供热工程图绘制
		（7）通风与空调工程图识读与绘制	1）通风与空调工程图识读 2）通风与空调工程图绘制
2. 消防灭火系统设计	核心技能单元	（1）室内消火栓系统设计	1）选定供水方式 2）室内消火栓及管道布置 3）室内消火栓系统管道设计流量计算 4）室内消火栓系统管道水力计算 5）绘制室内消火栓系统施工图
		（2）自动喷水灭火系统设计	1）系统选型 2）系统组件设置 3）喷头及管道布置 4）系统设计流量计算 5）管道水力计算 6）绘制自动喷水灭火系统施工图

技　能　领　域	技　能　单　元		技　能　点
2. 消防灭火系统设计	选修技能单元	（1）消防炮灭火系统设计	1）系统选择 2）消防炮及管道布置 3）系统组件设置 4）系统水力计算 5）绘制消防炮灭火系统施工图
		（2）气体灭火系统设计	1）系统选型 2）防护区设置 3）系统组件设置 4）灭火剂用量计算 5）管网设计计算 6）绘制气体灭火系统施工图
		（3）泡沫灭火系统设计	1）系统选型 2）系统组件设置 3）系统设计计算 4）绘制泡沫灭火系统施工图
		（4）干粉灭火系统设计	1）系统选型 2）系统组件设置 3）系统设计计算 4）绘制干粉灭火系统施工图
3. 建筑防排烟系统设计	核心技能单元	（1）建筑防排烟系统设计	1）划分防火分区和防烟分区 2）加压送风量和排烟量的计算 3）风口及风管道的设计 4）通风机选型 5）绘制建筑防排烟系统施工图
		（2）地下车库通风与排烟设计	1）划分防火分区和防烟分区 2）通风量和排烟量的计算 3）风口及风管道的设计 4）风机选型 5）绘制地下车库通风与排烟系统施工图
4. 火灾自动报警系统设计	核心技能单元	（1）火灾自动报警系统设计	1）确定系统形式 2）确定消防控制室的位置和面积 3）火灾探测器的布置 4）报警区域与探测区域划分 5）警报器、报警按钮的布置 6）绘制火灾自动报警系统施工图

技能领域	技能单元		技能点
4. 火灾自动报警系统设计	核心技能单元	(2) 消防联动控制系统设计	1) 消防灭火系统的联动控制设计
			2) 消防应急广播系统的联动控制设计
			3) 消防专用电话系统的联动控制设计
			4) 防排烟系统的联动控制设计
			5) 电梯的联动控制设计
			6) 防火卷帘系统的联动控制设计
			7) 消防应急照明和疏散指示系统的联动控制设计
			8) 其他消防联动控制设备布置
			9) 绘制消防联动控制系统施工图
5. 消防工程施工	核心技能单元	(1) 工程测量	1) 经纬仪、水准仪的使用
			2) 角度测量、高程测量
			3) 施工测量放样
		(2) 室内消防管道安装	1) 消防管道的下料、切断与连接
			2) 消防管道附件的安装
			3) 消防管道的试压
			4) 安装质量检验与评定
		(3) 消防水设备安装	1) 消火栓箱安装
			2) 消防水泵接合器安装
			3) 报警阀组安装
			4) 水流指示器、喷头安装
			5) 消防水泵、水箱、水池安装
			6) 安装质量检验与评定
		(4) 建筑防排烟系统安装	1) 风管的下料、切断与连接
			2) 通风机安装
			3) 风管漏光检测和漏风量试验
			4) 安装质量检验与评定
		(5) 火灾自动报警系统安装	1) 消防电气管线安装
			2) 消防电源配电箱安装
			3) 消防电气设备安装
			4) 火灾自动报警系统管理软件应用
			5) 火灾自动报警系统调试
			6) 火灾自动报警系统安装质量检验与评定
	选修技能单元	(1) 室外消防管道施工	1) 开挖沟槽
			2) 下管和稳管施工
			3) 管道接口施工
			4) 管道压力与渗漏试验
			5) 质量检验与评定
		(2) 建筑防雷装置施工	1) 防雷装置的焊接
			2) 接地电阻测试

技 能 领 域	技 能 单 元		技 能 点
6. 消防工程施工组织与管理	核心技能单元	(1) 消防工程施工组织	1）编制施工方案 2）编制施工进度计划 3）编制资源需用计划 4）绘制施工平面布置图
		(2) 消防工程施工管理	1）编制技术交底文件 2）制订质量控制措施 3）制订安全管理制度
	选修技能单元	消防工程施工组织与管理	1）编制物资供应计划 2）降低施工成本措施
7. 消防工程造价文件编制	核心技能单元	(1) 消防灭火系统工程造价	1）编制消防灭火系统工程量清单 2）编制消防灭火系统工程量清单计价文件
		(2) 建筑防排烟系统工程造价	1）编制建筑防排烟系统工程量清单 2）编制建筑防排烟系统工程量清单计价文件
		(3) 火灾自动报警系统工程造价	1）编制火灾自动报警系统工程量清单 2）编制火灾自动报警系统工程量清单计价文件
	选修技能单元	(1) 建筑电气工程造价	1）编制建筑电气工程量清单 2）编制建筑电气工程量清单计价文件
		(2) 供热工程造价	1）编制供热工程量清单 2）编制供热工程量清单计价文件
		(3) 通风与空调工程造价	1）编制通风与空调工程量清单 2）编制通风与空调工程量清单计价文件
8. 顶岗实习	核心技能单元	(1) 消防施工企业消防工程施工实习	1）施工图会审 2）编制施工方案 3）施工现场管理 4）分析和解决施工中技术问题 5）工作沟通与协调
		(2) 消防施工企业消防工程造价编制实习	1）编制投标报价 2）编制工程进度结算 3）编制竣工结算 4）工作沟通与协调
		(3) 消防设施维护保养企业消防设施维护保养实习	1）消防设备检测 2）运行参数控制 3）设施与设备维护和维修 4）分析和解决运行中技术问题 5）工作沟通与协调

技能领域	技能单元	技能点
8. 顶岗实习	核心技能单元	（4）消防检测公司消防检测实习	1）消防设施检测 2）撰写消防设施检测报告 3）消防设施操作 4）分析消防设施故障原因并提出整改意见 5）处理一般性安全事故 6）编制检测预算 7）工作沟通与协调
		（5）消防工程公司消防工程专项设计实习	1）收集设计资料 2）优化设计方案 3）设计计算 4）绘制施工图 5）工作沟通与协调

2. 核心知识单元、技能单元教学要求

（1）核心知识单元教学要求见表 5～表 44。

计算机辅助设计软件知识单元教学要求　　　　　　　　　　表 5

单元名称	计算机辅助设计软件	最低学时	8 学时
教学目标	1. 掌握绘图基本设置； 2. 掌握工程图绘制与标注； 3. 掌握工程图编辑修改； 4. 熟悉工程图打印		
教学内容	1. 绘图基本设置 图层设置、文字设置、标注设置。 2. 工程图绘制与标注 图形绘制、图形标注。 3. 工程图修改和恢复 图形的修改、图形的恢复。 4. 工程图打印 打印机设置、出图比例设置		
教学方法建议	1. 采用多媒体课件讲授； 2. 采用"教、学、做"一体的教学方法		
考核评价要求	1. 考评依据：课堂提问、作业成绩和测试成绩； 2. 考评标准：知识的掌握程度、操作技能的熟练程度		

表 6

单元名称	工程计价软件	最低学时	6 学时
教学目标	1. 掌握工程档案管理操作方法； 2. 掌握工程量清单输入方法； 3. 掌握设定工程取费费率方法； 4. 掌握工程量清单计价操作方法； 5. 熟悉计价文件打印设置		
教学内容	1. 工程档案管理 建立工程档案、复制工程档案、编辑工程档案、删除工程档案。 2. 工程量清单输入 分部分项工程量清单输入、措施项目清单输入、其他项目清单输入。 3. 设定工程取费费率 工程取费费率的设定。 4. 工程量清单计价 工程量清单计价操作。 5. 计价文件打印 打印机设置、打印文件选择		
教学方法建议	1. 理论部分采用多媒体课件讲授； 2. 技能部分采用"教、学、做"一体的教学方法		
考核评价要求	1. 考评依据：课堂提问、作业成绩和测试成绩； 2. 考评标准：知识的掌握程度、操作技能的熟练程度		

施工组织设计软件知识单元教学要求 表 7

单元名称	施工组织设计软件	最低学时	6 学时
教学目标	1. 掌握施工平面图的制作； 2. 掌握施工网络图的制作； 3. 掌握成果打印		
教学内容	1. 施工平面图的制作 施工平面图的制作、施工平面图的修改。 2. 施工网络图的制作 施工网络图的制作、施工网络图的修改。 3. 成果打印 打印机设置、打印文件选择		
教学方法建议	1. 理论部分采用多媒体课件讲授； 2. 技能部分采用"教、学、做"一体的教学方法		
考核评价要求	1. 考评依据：课堂提问、作业成绩和测试成绩； 2. 考评标准：知识的掌握程度、操作技能的熟练程度		

投影基本原理知识单元教学要求

表 8

单元名称	投影基本原理	最低学时	20 学时
教学目标	1. 掌握点、线、面的三面投影原理和画法； 2. 掌握斜轴测投影原理和画法； 3. 熟悉平面与曲面、曲面与曲面相贯线的画法； 4. 掌握常用管件展开图的画法		
教学内容	1. 三面投影 点、线、面三面投影，三面投影画法。 2. 斜轴测投影 斜等轴测投影、斜等轴测投影画法。 3. 相贯线 平面与曲面相贯线、曲面与曲面相贯线。 4. 展开图 大小头展开图、偏心大小头展开图、三通展开图、斜三通展开图		
教学方法建议	1. 投影原理和相贯线部分借助于教具或采用多媒体课件讲授； 2. 展开图制作采用"教、学、做"一体的教学方法		
考核评价要求	1. 考评依据：课堂提问、作业成绩和测试成绩； 2. 考评标准：知识的掌握程度、成果的完成质量		

消防工程图知识单元教学要求

表 9

单元名称	消防工程图	最低学时	40 学时
教学目标	1. 熟悉工程制图标准； 2. 掌握制图工具的绘图方法； 3. 掌握计算机绘图方法； 4. 掌握消防工程图识读方法； 5. 掌握消防工程图绘制方法		
教学内容	1. 制图标准 图幅、线型、图例、标注。 2. 制图工具绘图 常用制图工具、制图工具绘图方法。 3. 计算机绘图 基本设置、图形绘制、图形标注、图形编辑。 4. 消防工程图识读 消防工程施工图组成、施工图识读方法。 5. 消防工程图绘制 消防工程图绘制方法		
教学方法建议	1. 工程制图标准理论部分借助于教具或采用多媒体课件讲授； 2. 工程图的识读和绘制部分采用"教、学、做"一体的教学方法		
考核评价要求	1. 考评依据：课堂提问、作业成绩和测试成绩； 2. 考评标准：知识的掌握程度、绘图的完成质量、识图的熟练程度		

17

流体静力学知识单元教学要求   表 10

单元名称	流体静力学	最低学时	10 学时
教学目标	1. 掌握流体静压强及其特征； 2. 掌握静水压强基本方程式； 3. 掌握压强的测量； 4. 掌握静水总压力计算		
教学内容	1. 流体静压强及其特征 流体静压强的定义、流体静压强的特征。 2. 静水压强基本方程式 静水压强基本方程式、静水压强基本方程式的意义。 3. 压强的测量 压强的计量基准、计量单位、液柱式测压计。 4. 静水总压力 作用在平面上的静水总压力、作用在曲面上的静水总压力		
教学方法建议	借助于教具、实验装置或采用多媒体课件讲授		
考核评价要求	1. 考评依据：课堂提问、作业成绩和测试成绩； 2. 考评标准：知识的掌握程度、总压力计算的完成质量		

流体动力学知识单元教学要求   表 11

单元名称	流体动力学	最低学时	10 学时
教学目标	1. 掌握流体运动的基本概念； 2. 掌握恒定流连续方程应用； 3. 掌握恒定流能量方程应用； 4. 熟悉恒定流动量方程应用		
教学内容	1. 流体运动的基本概念 迹线与流线、流管、过流断面、元流和总流、流量和断面平均流速、恒定流与非恒定流、均匀流与非均匀流。 2. 恒定流连续方程 恒定流连续方程、恒定流连续方程应用。 3. 恒定流能量方程 恒定流能量方程、恒定流能量方程应用。 4. 恒定流动量方程 恒定流动量方程、恒定流动量方程应用		
教学方法建议	借助于教具、实验装置或采用多媒体课件讲授		
考核评价要求	1. 考评依据：课堂提问、作业成绩和测试成绩； 2. 考评标准：理论的理解和掌握程度、恒定流各方程应用的完成质量		

流动阻力与水头损失知识单元教学要求　　　　　　　　　　　　　　表 12

单元名称	流动阻力与水头损失	最低学时	10 学时
教学目标	1. 熟悉层流与紊流； 2. 掌握均匀流基本方程的应用； 3. 掌握沿程水头损失计算； 4. 掌握局部水头损失计算		
教学内容	1. 层流与紊流 层流与紊流的特征、层流与紊流的判别。 2. 均匀流基本方程 均匀流基本方程、圆管过流断面上切应力的分布。 3. 沿程水头损失 沿程阻力系数、沿程水头损失。 4. 局部水头损失 局部阻力系数、局部水头损失		
教学方法建议	借助于教具、实验装置或采用多媒体课件讲授		
考核评价要求	1. 考评依据：课堂提问、作业成绩和测试成绩； 2. 考评标准：理论的理解和掌握程度、水头损失计算的完成质量		

水泵知识单元教学要求　　　　　　　　　　　　　　表 13

单元名称	水泵	最低学时	30 学时
教学目标	1. 了解水泵分类； 2. 熟悉离心泵的构造与工作原理； 3. 掌握离心泵的特性与选择； 4. 掌握水泵串联、并联工作特点		
教学内容	1. 水泵分类 水泵的分类方法、常用水泵种类。 2. 离心泵的构造与工作原理 离心泵的构造、离心泵工作原理。 3. 离心泵的特性与选择 离心泵的性能参数、离心泵的选择。 4. 水泵串联、并联工作 水泵串联工况、水泵并联工况		
教学方法建议	1. 借助于教具或采用多媒体课件讲授； 2. 采用现场教学法组织教学		
考核评价要求	1. 考评依据：课堂提问、作业成绩和测试成绩； 2. 考评标准：理论的理解和掌握程度、水泵选择的合理程度		

　　　　　　　　　　　　　　　　　　　　　　　　表 14

单元名称	建筑灭火器配置	最低学时	10 学时
教学目标	1. 熟悉灭火器设置场所的火灾种类和危险等级； 2. 熟悉灭火器的类型及选择方法； 3. 掌握灭火器的设置和配置方法； 4. 掌握灭火器配置设计计算方法		
教学内容	1. 灭火器设置场所 火灾种类、危险等级。 2. 灭火器的选择 灭火器选择的一般规定、灭火器的类型选择。 3. 灭火器的设置 灭火器设置的一般规定、灭火器的最大保护距离。 4. 灭火器的配置 灭火器配置的一般规定、灭火器的最低配置基准。 5. 灭火器的配置设计计算 一般规定、计算单元、配置设计计算		
教学方法建议	1. 理论部分采用多媒体课件讲授； 2. 技能部分采用案例教学法和现场教学法组织教学		
考核评价要求	1. 考评依据：课堂提问、作业成绩和测试成绩； 2. 考评标准：知识的掌握程度、设计计算能力的掌握程度		

消火栓灭火系统知识单元教学要求　　　　　　　　　　　　　　　　　　　　　　　　表 15

单元名称	消火栓灭火系统	最低学时	30 学时
教学目标	1. 熟悉消火栓灭火系统组成； 2. 掌握消火栓灭火系统管道布置与敷设要求； 3. 掌握消火栓灭火系统水力计算方法； 4. 掌握消火栓灭火系统管道及设备维护管理的方法		
教学内容	1. 消火栓灭火系统组成 消火栓灭火系统管材及连接、消火栓、消防水泵接合器、消防水箱与水池。 2. 消火栓管道布置与敷设 消火栓的布置、消火栓管道布置、消火栓管道敷设。 3. 消火栓管道水力计算 消火栓用水量、消火栓管道设计流量、消火栓管道水力计算。 4. 消火栓灭火系统管道及设备的维护与管理 消火栓灭火系统管道及设备维护、消火栓灭火系统管道及设备管理		
教学方法建议	1. 理论部分采用多媒体课件讲授； 2. 技能部分采用案例教学法和现场教学法组织教学		
考核评价要求	1. 考评依据：课堂提问、作业成绩和测试成绩； 2. 考评标准：知识的掌握程度、设计计算能力的掌握程度		

自动喷水灭火系统知识单元教学要求　　　　　　　　　　　　**表 16**

单元名称	自动喷水灭火系统	最低学时	40 学时
教学目标	1. 熟悉自动喷水灭火系统组成； 2. 掌握自动喷水灭火系统管道布置与敷设要求； 3. 掌握自动喷水灭火系统水力计算方法； 4. 掌握自动喷水灭火系统管道及设备维护管理的方法		
教学内容	1. 自动喷水灭火系统组成 自动喷水灭火系统管材及连接、喷头、报警阀组、水流指示器、延迟器、末端试水装置、消防水泵接合器、消防水箱与水池。 2. 自动喷水灭火系统管道布置与敷设 喷头的布置、自动喷水灭火系统管道布置、自动喷水灭火系统管道敷设。 3. 自动喷水灭火系统水力计算喷头用水量、自动喷水灭火系统管道设计流量、自动喷水灭火系统管道水力计算。 4. 自动喷水灭火系统管道及设备的维护与管理 自动喷水灭火系统管道及设备维护、自动喷水灭火系统管道及设备管理		
教学方法建议	1. 理论部分采用多媒体课件讲授； 2. 技能部分采用案例教学法和现场教学法组织教学		
考核评价要求	1. 考评依据：课堂提问、作业成绩和测试成绩； 2. 考评标准：知识的掌握程度、设计计算能力的掌握程度		

烟气控制基础知识单元教学要求　　　　　　　　　　　　**表 17**

单元名称	烟气控制基础知识	最低学时	6 学时
教学目标	1. 了解烟气的流动特性与控制； 2. 理解自然通风基本原理； 3. 掌握防火分区和防烟分区		
教学内容	1. 烟气的流动特性与控制 烟气的危害，建筑内烟气流动特性，烟流的控制措施。 2. 自然通风基本原理 热压效应、风压效应。 3. 防火分区和防烟分区 防火分区和防烟分区的概念及划分要求		
教学方法建议	1. 理论部分采用多媒体课件讲授； 2. 技能部分采用案例教学法和现场教学法组织教学		
考核评价要求	1. 考评依据：课堂提问、作业成绩和测试成绩； 2. 考评标准：知识的掌握程度、设计成果的完成质量		

自然排烟知识单元教学要求 表 18

单元名称	自然排烟	最低学时	8 学时
教学目标	1. 理解防火分区和防烟分区； 2. 掌握自然排烟系统基本原理； 3. 掌握自然排烟系统设计要求		
教学内容	1. 防火分区和防烟分区 防火分区和防烟分区的概念及划分要求。 2. 自然排烟系统基本原理 烟气的流动特性、自然排烟方式。 3. 自然排烟系统设计要求 自然排烟部位、自然排烟口的布置		
教学方法建议	1. 理论部分采用多媒体课件讲授； 2. 技能部分采用案例教学法和现场教学法组织教学		
考核评价要求	1. 考评依据：课堂提问、作业成绩和测试成绩； 2. 考评标准：知识的掌握程度、设计成果的完成质量		

机械排烟知识单元教学要求 表 19

单元名称	机械排烟	最低学时	12 学时
教学目标	1. 掌握机械排烟系统组成； 2. 掌握机械排烟系统设计要求		
教学内容	1. 机械排烟系统组成 机械排烟方式、机械排烟系统组成。 2. 机械排烟系统设计要求 机械排烟部位、机械排烟量的计算、排烟口及风管道的布置、排烟风机的设计要求		
教学方法建议	1. 理论部分采用多媒体课件讲授； 2. 技能部分采用案例教学法和现场教学法组织教学		
考核评价要求	1. 考评依据：课堂提问、作业成绩和测试成绩； 2. 考评标准：知识的掌握程度、设计成果的完成质量		

机械加压送风防烟知识单元教学要求 表 20

单元名称	机械加压送风防烟	最低学时	10 学时
教学目标	1. 掌握机械加压送风防烟系统基本原理； 2. 掌握机械加压送风防烟系统设计要求		
教学内容	1. 机械加压送风防烟基本原理 机械加压送风防烟目的、防烟原理。 2. 机械加压送风防烟系统设计要求 机械加压送风防烟部位、机械加压送风量的计算、加压送风口及风管道的布置、加压送风机的设计要求		
教学方法建议	1. 理论部分采用多媒体课件讲授； 2. 技能部分采用案例教学法和现场教学法组织教学		
考核评价要求	1. 考评依据：课堂提问、作业成绩和测试成绩； 2. 考评标准：知识的掌握程度、设计成果的完成质量		

地下车库通风与防排烟知识单元教学要求　　　　　　表 21

单元名称	地下车库通风与防排烟	最低学时	12 学时
教学目标	1. 掌握常见地下车库通风与排烟系统； 2. 掌握地下车库通风与防排烟设计要求		
教学内容	1. 常见地下车库通风与排烟系统 排风和排烟系统的分开设置及其合用设计、无风道诱导风机通风系统。 2. 地下车库通风与防排烟设计要求 地下车库通风与防排烟设计原则、地下车库通风量与排烟量的确定、送风量的计算、风口及风管道的布置、风机的设计要求		
教学方法建议	1. 理论部分采用多媒体课件讲授； 2. 技能部分采用案例教学法和现场教学法组织教学		
考核评价要求	1. 考评依据：课堂提问、作业成绩和测试成绩； 2. 考评标准：知识的掌握程度、设计成果的完成质量		

电气控制基本知识单元教学要求　　　　　　表 22

单元名称	电气控制基本知识	最低学时	20 学时
教学目标	1. 了解常用低压电器的结构和工作原理； 2. 熟悉常用低压电器的用途； 3. 掌握电气控制线路的分析方法，能看懂简单电气控制线路图； 4. 掌握简单电气控制电路的安装		
教学内容	1. 常用低压电器 接触器、继电器、低压开关、主令电器、熔断器的结构、工作原理与应用。 2. 基本电气控制线路 三相异步电动机的点动控制、单向连续控制和正反转控制线路图识图及线路分析与安装		
教学方法建议	1. 理论部分采用多媒体课件讲授或现场教学法； 2. 技能部分采用"教、学、做"一体教学法		
考核评价要求	1. 考评依据：课堂提问、作业成绩和测试成绩； 2. 考评标准：知识的掌握程度、操作技能的掌握程度		

防排烟系统电气控制知识单元教学要求　　　　　　表 23

单元名称	防排烟系统电气控制	最低学时	10 学时
教学目标	1. 熟悉防排烟系统的电气控制工作流程； 2. 掌握防排烟系统电气控制线路的安装与调试		
教学内容	1. 防排烟系统的电气控制线路分析 防排烟系统的电气控制线路组成、工作流程。 2. 防排烟系统电气控制线路的安装与调试 防排烟系统电气控制线路的安装方法与调试内容		
教学方法建议	1. 理论部分采用多媒体课件讲授或现场教学法； 2. 技能部分采用项目教学法及"教、学、做"一体的教学方法		
考核评价要求	1. 考评依据：课堂提问、作业成绩和测试成绩； 2. 考评标准：知识的掌握程度、操作技能的掌握程度		

防火卷帘电气控制知识单元教学要求 表 24

单元名称	防火卷帘电气控制	最低学时	10 学时
教学目标	1. 熟悉防火卷帘电气控制工作流程； 2. 掌握防火卷帘电气控制线路安装与调试方法		
教学内容	1. 防火卷帘电气控制线路分析 防火卷帘电气控制线路组成、工作流程。 2. 防火卷帘电气控制线路的安装与调试 防火卷帘电气控制线路的安装方法与调试内容		
教学方法建议	1. 理论部分采用多媒体课件讲授或现场教学法； 2. 技能部分采用项目教学法及"教、学、做"一体的教学方法		
考核评价要求	1. 考评依据：课堂提问、作业成绩和测试成绩； 2. 考评标准：知识的掌握程度、操作技能的掌握程度		

消防水泵电气控制知识单元教学要求 表 25

单元名称	消防水泵电气控制	最低学时	12 学时
教学目标	1. 熟悉消火栓水泵、自动喷淋泵电气控制的工作流程； 2. 掌握消火栓水泵、自动喷淋泵电气控制线路的安装与调试		
教学内容	1. 消火栓水泵的电气控制 消火栓水泵的电气控制线路分析、接线安装与调试。 2. 喷淋泵的电气控制 喷淋泵的电气控制线路分析、接线安装与调试		
教学方法建议	1. 理论部分采用多媒体课件讲授或现场教学法； 2. 技能部分采用项目教学法及"教、学、做"一体的教学方法		
考核评价要求	1. 考评依据：课堂提问、作业成绩和测试成绩； 2. 考评标准：知识的掌握程度、操作技能的熟练程度		

火灾自动报警系统知识单元教学要求

表 26

单元名称	火灾自动报警系统	最低学时	20 学时
教学目标	1. 了解消防系统的基本知识； 2. 熟悉火灾自动报警系统的基本知识； 3. 掌握火灾自动报警系统的工作过程及相关知识； 4. 掌握火灾自动报警系统工程图识读方法		
教学内容	1. 高层建筑的特点及相关区域的划分 高层建筑的定义和特点、防火分类、耐火等级、报警区域、探测区域、防火分区、防烟分区的划分方法。 2. 火灾自动报警系统的基本知识 火灾自动报警系统的组成和作用，系统形式的选择方法，火灾探测器分类、工作原理、设置，报警按钮、警报器、火灾显示盘、消防模块布置方法，消防控制室的设置方法。 3. 火灾自动报警系统的工作过程及相关知识 火灾报警控制器、火灾自动报警系统的工作过程、总线制、多线制。 4. 火灾自动报警系统工程图识读与设计 火灾自动报警系统工程图组成、识读和设计方法		
教学方法建议	1. 采用多媒体课件讲授； 2. 采用案例教学法、现场教学法组织教学		
考核评价要求	1. 考评依据：课堂提问、作业和测试成绩； 2. 考评标准：知识的掌握程度、应用能力的掌握程度		

消防联动控制系统知识单元教学要求

表 27

单元名称	消防联动控制系统	最低学时	8 学时
教学目标	1. 熟悉消防灭火系统联动控制； 2. 熟悉消防减灾系统联动控制； 3. 掌握消防联动控制系统的设计内容和设计方法		
教学内容	1. 消防灭火系统联动控制 消火栓灭火系统、自动喷水灭火系统、卤代烷灭火系统、泡沫灭火系统、干粉灭火系统、二氧化碳灭火系统联动控制。 2. 消防减灾系统联动控制 消防应急广播、消防专用电话、消防应急照明和疏散指示、电梯、防火门、防火卷帘、防火阀、风机的设置。 3. 掌握消防联动控制系统的设计内容和设计方法 消防应急广播、消防专用电话、消防应急照明和疏散指示、电梯、防火门与防火卷帘、防排烟系统联动控制的设计方法		
教学方法建议	1. 采用多媒体课件讲授； 2. 采用案例教学法、现场教学法组织教学		
考核评价要求	1. 考评依据：课堂提问、作业成绩和测试成绩； 2. 考评标准：知识的掌握程度、设计计算能力的掌握程度		

常规仪器施工测量知识单元教学要求　　表 28

单元名称	常规仪器施工测量	最低学时	60 学时
教学目标	1 掌握水准仪的使用和高程测量； 2. 掌握经纬仪的使用和角度测量； 3. 熟悉钢尺和距离测量； 4. 熟悉平面、高程控制测量； 5. 熟悉地形图测绘与应用； 6. 掌握施工测量放线方法		
教学内容	1. 水准仪和高程测量 水准仪的操作、高程测量方法。 2. 经纬仪和角度测量 经纬仪的操作、角度测量方法。 3. 距离测量 钢尺测距、仪器测距。 4. 平面、高程控制测量 平面坐标测量、高程测量。 5. 地形图测绘与应用 地形图测量、土方量计算。 6. 施工测量放线 管道测量放线、构筑物测量放线		
教学方法建议	1. 采用多媒体课件讲授； 2. 采用现场教学法组织教学		
考核评价要求	1. 考评依据：课堂提问、作业成绩和测试成绩； 2. 考评标准：知识的掌握程度、操作技能的掌握程度		

室外消防管道施工知识单元教学要求　　表 29

单元名称	室外消防管道施工	最低学时	20 学时
教学目标	1. 掌握开挖沟槽方法； 2. 掌握敷设管道方法； 3. 掌握回填沟槽要求； 4. 熟悉附属构筑物施工； 5. 掌握施工质量验收与评定标准		
教学内容	1. 开挖沟槽 沟槽断面、沟槽开挖。 2. 敷设管道 管道基础施工、下管与稳管、接口施工。 3. 回填沟槽 回填土质、土的夯实、土的碾压。 4. 附属构筑物施工 阀门井施工、消火栓施工。 5. 施工质量验收与评定 管道压力试验、管道渗漏试验、施工质量的标准与评定		
教学方法建议	1. 采用多媒体课件讲授； 2. 采用现场教学法组织教学		
考核评价要求	1. 考评依据：课堂提问、作业成绩和测试成绩； 2. 考评标准：知识的掌握程度、操作技能的掌握程度		

单元名称	室内消防管道安装	最低学时	30 学时
教学目标	1. 掌握消防管道下料加工方法； 2. 掌握消防管道连接与固定方法； 3. 掌握安装质量检验与评定标准		
教学内容	1. 消防管道下料加工 管道的下料、切断、接口加工。 2. 消防管道连接与固定 管道连接方式、管道支吊架安装。 3. 安装质量检验与评定 管道压力试验、管道通水及渗漏试验、安装质量的标准与评定		
教学方法建议	1. 采用多媒体课件讲授； 2. 采用现场教学法组织教学		
考核评价要求	1. 考评依据：课堂提问、作业成绩和测试成绩； 2. 考评标准：知识的掌握程度、操作技能的掌握程度		

消防水设备安装知识单元教学要求　　　　表 31

单元名称	消防水设备安装	最低学时	30 学时
教学目标	1. 掌握阀门安装方法； 2. 掌握消防器材安装方法； 3. 掌握消防水泵安装方法； 4. 掌握消防水池、消防水箱安装方法； 5. 掌握安装质量检验与评定标准		
教学内容	1. 阀门安装 阀门的种类、阀门连接方式。 2. 消防器材安装 消火栓箱、自动喷淋喷头、报警阀组、水流指示器、延迟器、末端试水装置、室外消火栓、消防水泵接合器安装 3. 消防水泵及配管安装 基础施工、水泵安装；配管及附件安装、试运转 4. 消防水池、消防水箱安装 钢筋混凝土消防水池、水箱施工；不锈钢拼装水箱安装；防水套管安装；配管及附件安装 5. 安装质量检验与评定 安装质量标准、安装质量评定		
教学方法建议	1. 采用多媒体课件讲授； 2. 采用现场教学法组织教学		
考核评价要求	1. 考评依据：课堂提问、作业成绩和测试成绩； 2. 考评标准：知识的掌握程度、操作技能的掌握程度		

建筑防排烟设施安装知识单元教学要求

表 32

单元名称	建筑防排烟设施安装	最低学时	12 学时
教学目标	1. 掌握风管下料加工方法； 2. 掌握风管连接与固定方法； 3. 掌握通风设备安装方法； 4. 掌握安装质量检验与评定标准		
教学内容	1. 风管下料加工 风管的下料、切断、接口加工。 2. 风管连接与固定 风管连接方式、管道支吊架安装。 3. 通风设备安装 风机的类型、风机的安装。 4. 安装质量检验与评定 风管漏光检测、漏风量试验、安装质量的标准与评定		
教学方法建议	1. 采用多媒体课件讲授； 2. 采用现场教学法组织教学		
考核评价要求	1. 考评依据：课堂提问、作业成绩和测试成绩； 2. 考评标准：知识的掌握程度、操作技能的掌握程度		

消防电气管线施工知识单元教学要求

表 33

单元名称	消防电气管线施工	最低学时	20 学时
教学目标	1. 掌握钢管配线的施工方法； 2. 掌握 PVC 管暗配线的施工方法； 3. 掌握金属线槽配线的施工方法； 4. 掌握消防电气管线施工质量验收与评定标准		
教学内容	1. 钢管配线施工 钢管明配线的施工方法及要求；钢管暗配线的施工方法及要求。 2. PVC 管暗配线施工 PVC 管暗配线的施工方法及要求。 3. 金属线槽配线施工 金属线槽配线的施工方法及要求。 4. 电气管线施工质量验收与评定标准 消防电气管材、线槽及配线施工质量的标准与评定		
教学方法建议	1. 采用"教、学、做"一体的教学方法； 2. 理论部分采用多媒体课件讲授或现场教学法； 3. 技能部分采用项目教学法		
考核评价要求	1. 考评依据：课堂提问、作业成绩和测试成绩； 2. 考评标准：知识的掌握程度、操作技能的熟练程度		

单元名称	消防电气设备安装与调试	最低学时	40 学时
教学目标	1. 掌握火灾探测器的安装方法； 2. 掌握控制器类设备的安装方法； 3. 掌握消防电源配电箱的安装方法； 4. 掌握火灾自动报警系统其他设备的安装方法； 5. 掌握火灾自动报警系统管理软件的运用； 6. 熟悉火灾自动报警系统的调试； 7. 熟悉火灾自动报警系统的质量验收标准		
教学内容	1. 火灾探测器的安装 感烟探测器、感温探测器、火焰探测器及红外探测器的安装方法及要求，探测器的编码方法。 2. 控制器类设备的安装 区域火灾报警控制器、集中火灾报警控制器、区域显示器的安装方法及要求。 3. 消防电源配电箱的安装 消防电源配电箱的安装方法及要求。 4. 火灾自动报警系统其他设备的安装 报警按钮、模块、警报器、火灾显示盘、消防电话、消防广播、应急照明及疏散指示标志等设备的安装方法及要求。 5. 火灾自动报警系统管理软件的应用 应用火灾自动报警系统管理软件，对系统消防设备进行编码设置和联动公式编写。 6. 火灾自动报警系统的调试 火灾自动报警系统调试的方法及要求。 7. 火灾自动报警系统质量验收标准 火灾自动报警系统质量验收标准、质量评定		
教学方法建议	1. 采用"教、学、做"一体的教学方法； 2. 理论部分采用多媒体课件讲授或现场教学法； 3. 技能部分采用项目教学法		
考核评价要求	1. 考评依据：课堂提问、作业成绩和测试成绩； 2. 考评标准：知识的掌握程度、操作技能的熟练程度		

消防工程施工组织知识单元教学要求 表 35

单元名称	消防工程施工组织	最低学时	30 学时
教学目标	1. 掌握流水施工原理； 2. 掌握网络计划的编制方法； 3. 掌握施工进度计划的控制与调整； 4. 掌握单位施工组织设计方法		
教学内容	1. 流水施工 顺序施工法、平行施工法、流水施工法。 2. 网络计划 单代号网络法、双代号网络法。 3. 施工进度计划 施工进度计划图表、施工进度计划的控制、施工进度计划的调整、施工进度计划的应用。 4. 单位工程施工组织设计 施工方案选择、施工进度计划安排、资源需求计划编制、施工总平面图布置		
教学方法建议	采用案例教学法组织教学		
考核评价要求	1. 考评依据：课堂提问、作业成绩和测试成绩； 2. 考评标准：知识的掌握程度		

消防工程施工管理知识单元教学要求 表 36

单元名称	消防工程施工管理	最低学时	30 学时
教学目标	1. 熟悉施工现场管理； 2. 掌握施工技术管理； 3. 熟悉资源管理； 4. 掌握安全生产管理； 5. 熟悉文件资料管理		
教学内容	1. 施工现场管理 施工责任制度、施工现场准备工作。 2. 施工技术管理 设计交底与图纸会审、作业技术交底、技术复核工作、隐蔽工程验收。 3. 资源管理 劳动力管理、材料管理、机械管理。 4. 安全生产管理 施工安全控制措施、安全检查与教育。 5. 文件资料管理 建设工程文件、消防工程施工文件		
教学方法建议	采用案例教学法组织教学		
考核评价要求	1. 考评依据：课堂提问、作业成绩和测试成绩； 2. 考评标准：知识的掌握程度		

单元名称	工程建设与建设工程费用	最低学时	8 学时
教学目标	1. 熟悉工程建设基本程序； 2. 掌握建设工程费用的组成		
教学内容	1. 工程建设程序 建设工程项目、工程建设基本程序。 2. 建设工程费用组成 直接费、间接费、利润、税金		
教学方法建议	1. 采用多媒体课件讲授； 2. 采用案例教学法组织教学		
考核评价要求	1. 考评依据：课堂提问、作业成绩和测试成绩； 2. 考评标准：知识的掌握程度		

消防灭火系统工程定额知识单元教学要求   表 38

单元名称	消防灭火系统工程定额	最低学时	10 学时
教学目标	1. 掌握消防灭火系统工程消耗量定额的应用； 2. 掌握消防灭火系统工程费用定额的应用		
教学内容	1. 消防灭火系统工程消耗量定额 消防灭火系统工程消耗量定额。 2. 消防灭火系统工程费用定额 消防灭火系统工程费用定额		
教学方法建议	采用案例教学法组织教学		
考核评价要求	1. 考评依据：课堂提问、作业成绩和测试成绩； 2. 考评标准：知识的掌握程度		

消防灭火系统工程造价知识单元教学要求   表 39

单元名称	消防灭火系统工程造价	最低学时	14 学时
教学目标	1. 掌握消防灭火系统工程量清单编制方法； 2. 掌握消防灭火系统工程量清单计价方法		
教学内容	1. 消防灭火系统工程量清单编制 分部分项工程量清单编制、措施项目清单编制、其他项目清单编制。 2. 消防灭火系统工程量清单计价 分部分项工程量清单计价、措施项目清单计价、其他项目清单计价		
教学方法建议	采用案例教学法组织教学		
考核评价要求	1. 考评依据：课堂提问、作业成绩和测试成绩； 2. 考评标准：知识的掌握程度		

建筑防排烟系统工程定额知识单元教学要求

表 40

单元名称	建筑防排烟系统工程定额	最低学时	10 学时
教学目标	1. 掌握建筑防排烟系统工程消耗量定额的应用； 2. 掌握建筑防排烟系统工程费用定额的应用		
教学内容	1. 建筑防排烟系统工程消耗量定额 建筑防排烟系统工程消耗量定额。 2. 建筑防排烟系统工程费用定额 建筑防排烟系统工程费用定额		
教学方法建议	采用案例教学法组织教学		
考核评价要求	1. 考评依据：课堂提问、作业成绩和测试成绩； 2. 考评标准：知识的掌握程度		

建筑防排烟系统工程造价知识单元教学要求

表 41

单元名称	建筑防排烟系统工程造价	最低学时	14 学时
教学目标	1. 掌握建筑防排烟系统工程量清单编制方法； 2. 掌握建筑防排烟系统工程量清单计价方法		
教学内容	1. 建筑防排烟系统工程量清单编制 分部分项工程量清单编制、措施项目清单编制、其他项目清单编制。 2. 建筑防排烟系统工程量清单计价 分部分项工程量清单计价、措施项目清单计价、其他项目清单计价		
教学方法建议	采用案例教学法组织教学		
考核评价要求	1. 考评依据：课堂提问、作业成绩和测试成绩； 2. 考评标准：知识的掌握程度		

火灾自动报警系统工程定额知识单元教学要求

表 42

单元名称	火灾自动报警系统工程定额	最低学时	10 学时
教学目标	1. 掌握火灾自动报警系统工程消耗量定额的应用； 2. 掌握火灾自动报警系统工程费用定额的应用		
教学内容	1. 火灾自动报警系统工程消耗量定额 火灾自动报警系统工程消耗量定额。 2. 火灾自动报警系统工程费用定额 火灾自动报警系统工程费用定额		
教学方法建议	采用案例教学法组织教学		
考核评价要求	1. 考评依据：课堂提问、作业成绩和测试成绩； 2. 考评标准：知识的掌握程度		

表 43

单元名称	火灾自动报警系统工程造价	最低学时	14 学时
教学目标	1. 掌握火灾自动报警系统工程量清单编制方法； 2. 掌握火灾自动报警系统工程量清单计价方法		
教学内容	1. 火灾自动报警系统工程量清单编制 分部分项工程量清单编制、措施项目清单编制、其他项目清单编制。 2. 火灾自动报警系统工程量清单计价 分部分项工程量清单计价、措施项目清单计价、其他项目清单计价		
教学方法建议	采用案例教学法组织教学		
考核评价要求	1. 考评依据：课堂提问、作业成绩和测试成绩； 2. 考评标准：知识的掌握程度		

工程招标投标基本知识知识单元教学要求 表 44

单元名称	工程招标投标基本知识	最低学时	10 学时
教学目标	1. 熟悉招标条件与招标公告； 2. 熟悉招标文件的编制； 3. 掌握投标文件的编制； 4. 熟悉开标程序和评标方法		
教学内容	1. 招标条件与招标公告 招标条件、招标公告内容。 2. 招标文件 招标文件内容、招标控制价。 3. 投标文件 投标文件的编制、投标报价的确定。 4. 开标与评标 开标程序、评标标准与方法。 5. 中标与合同签订 中标通知、合同谈判与签订		
教学方法建议	采用案例教学法组织教学		
考核评价要求	1. 考评依据：课堂提问、作业成绩和测试成绩； 2. 考评标准：知识的掌握程度		

（2）核心技能单元教学要求见表45～表59。

消防工程图识读与绘制技能单元教学要求　　　　表 45

单元名称	消防工程图识读与绘制	最低学时	30 学时
教学目标	专业能力： 1. 具有工程图识读能力； 2. 具有手工绘图能力； 3. 具有计算机绘图能力。 方法能力： 1. 分析问题能力； 2. 解决问题的能力。 社会能力： 1. 严谨的工作作风、实事求是的工作态度； 2. 团队合作的能力		
教学内容	1. 消防灭火系统工程图识读与绘制； 2. 建筑防排烟系统工程图识读与绘制； 3. 火灾自动报警系统工程图识读与绘制		
教学方法建议	以实际工程图为载体，采用案例法、项目法教学		
教学场所要求	校内、工程图识读与绘制实训室（不小于 70m²）		
考核评价要求	过程考核 40%，知识考核 30%，结果考核 30%		

室内消火栓系统设计技能单元教学要求　　　　表 46

单元名称	室内消火栓系统设计	最低学时	15 学时
教学目标	专业能力： 1. 具有室内消火栓系统设计方案选择的能力； 2. 具有室内消火栓管道布置的能力； 3. 具有室内消火栓管道水力计算的能力； 4. 具有绘制室内消火栓系统施工图的能力。 方法能力： 1. 分析问题的能力； 2. 解决问题的能力。 社会能力： 1. 严谨的工作作风、实事求是的工作态度； 2. 团队合作的能力		
教学内容	1. 室内消火栓系统设计方案； 2. 室内消火栓系统管道布置； 3. 室内消火栓系统管道水力计算； 4. 绘制室内消火栓系统施工图		
教学方法建议	以实际项目为载体采用项目法、任务引领法教学		
教学场所要求	校内、计算机辅助设计实训室（不小于 70m²）		
考核评价要求	过程考核 40%，知识考核 30%，结果考核 30%		

单元名称	自动喷水灭火系统设计	最低学时	15 学时
教学目标	专业能力： 1. 具有自动喷水灭火系统设计方案选择的能力； 2. 具有自动喷水灭火管道布置的能力； 3. 具有自动喷水灭火管道水力计算的能力； 4. 具有绘制自动喷水灭火系统施工图的能力。 方法能力： 1. 分析问题的能力； 2. 解决问题的能力。 社会能力： 1. 严谨的工作作风、实事求是的工作态度； 2. 团队合作的能力		
教学内容	1. 自动喷水灭火系统设计方案； 2. 自动喷水灭火系统喷头及管道布置； 3. 自动喷水灭火系统管道水力计算； 4. 绘制自动喷水灭火系统施工图		
教学方法建议	以实际项目为载体采用项目法、任务引领法教学		
教学场所要求	校内、计算机辅助设计实训室（不小于 70m²)		
考核评价要求	过程考核 40%，知识考核 30%，结果考核 30%		

建筑防排烟系统设计技能单元教学要求   表 48

单元名称	建筑防排烟系统设计	最低学时	20 学时
教学目标	专业能力： 1. 具有建筑防排烟系统设计方案选择的能力； 2. 具有建筑防排烟系统风口和管道布置的能力； 3. 具有建筑防排烟系统管道水力计算的能力； 4. 具有绘制建筑防排烟系统施工图的能力。 方法能力： 1. 分析问题能力； 2. 解决问题的能力。 社会能力： 1. 严谨的工作作风、实事求是的工作态度； 2. 团队合作的能力		
教学内容	1. 防火分区和防烟分区划分； 2. 建筑防排烟系统设计方案选择； 3. 建筑防排烟系统风口与管道的布置； 4. 建筑防排烟风口与管道设计计算； 5. 建筑防排烟系统通风设备的选型； 6. 绘制建筑防排烟系统施工图		
教学方法建议	以实际项目为载体采用项目法、任务引领法教学		
教学场所要求	校内、计算机辅助设计实训室（不小于 70m²)		
考核评价要求	过程考核 40%，知识考核 30%，结果考核 30%		

单元名称	地下车库通风与排烟设计	最低学时	10 学时
教学目标	专业能力： 1. 具有地下车库通风与排烟设计方案选择的能力； 2. 具有风口和风管道布置的能力； 3. 具有风管系统水力计算的能力； 4. 具有绘制地下车库通风与排烟系统施工图的能力。 方法能力： 1. 分析问题能力； 2. 解决问题的能力。 社会能力： 1. 严谨的工作作风、实事求是的工作态度； 2. 团队合作的能力		
教学内容	1. 防火分区和防烟分区划分； 2. 地下车库通风与排烟设计方案选择； 3. 风口与风管道的布置； 4. 风口与风管道设计计算； 5. 通风设备的选型； 6. 绘制地下车库通风与排烟系统施工图		
教学方法建议	以实际项目为载体采用项目法、任务引领法教学		
教学场所要求	校内、计算机辅助设计实训室（不小于 70m²）		
考核评价要求	过程考核 40%，知识考核 30%，结果考核 30%		

单元名称	火灾自动报警系统设计	最低学时	15 学时
教学目标	专业能力： 1. 具有火灾自动报警系统设计方案选择的能力； 2. 具有火灾自动报警系统布置的能力； 3. 具有火灾自动报警系统设计计算的能力； 4. 具有绘制火灾自动报警系统施工图的能力。 方法能力： 1. 分析问题能力； 2. 解决问题的能力。 社会能力： 1. 严谨的工作作风、实事求是的工作态度； 2. 团队合作的能力		
教学内容	1. 系统形式的选择； 2. 报警区域、防火分区和探测区域的划分； 3. 消防控制室的设计； 4. 火灾探测器、报警按钮、警报器的设置； 5. 绘制火灾自动报警系统施工图		
教学方法建议	以实际项目为载体采用项目法、任务引领法教学		
教学场所要求	校内、计算机辅助设计实训室（不小于 70m²）		
考核评价要求	过程考核 40%，知识考核 30%，结果考核 30%		

消防联动控制系统设计技能单元教学要求

表 51

单元名称	消防联动控制系统设计		最低学时	15 学时
教学目标	专业能力： 1. 具有消防联动控制系统设计方案选择的能力； 2. 具有消防联动控制系统布置的能力； 3. 具有消防联动控制系统设计计算的能力； 4. 具有绘制消防联动控制系统施工图的能力。 方法能力： 1. 分析问题能力； 2. 解决问题的能力。 社会能力： 1. 严谨的工作作风、实事求是的工作态度； 2. 团队合作的能力			
教学内容	1. 消防灭火系统联动控制设计 2. 消防应急广播系统联动控制设计 3. 消防专用电话系统联动控制设计 4. 防烟排烟系统联动控制设计 5. 电梯联动控制设计 6. 防火卷帘系统联动控制设计 7. 消防应急照明和疏散指示系统联动控制设计 8. 绘制火灾自动报警系统施工图			
教学方法建议	以实际项目为载体采用项目法、任务引领法教学			
教学场所要求	校内、计算机辅助设计实训室（不小于 70m²）			
考核评价要求	过程考核 40％，知识考核 30％，结果考核 30％			

工程测量技能单元教学要求

表 52

单元名称	工程测量		最低学时	30 学时
教学目标	专业能力： 1. 能够正确使用经纬仪、水准仪； 2. 具有角度测量、高程测量能力。 方法能力： 1. 分析问题的能力； 2. 解决问题的能力。 社会能力： 1. 严谨的工作作风、实事求是的工作态度； 2. 团队合作的能力			
教学内容	1. 经纬仪、水准仪； 2. 角度测量、高程测量； 3. 施工放样			
教学方法建议	以实际现场为载体采用项目法、任务驱动教学			
教学场所要求	校内、工程测量实训室（不小于 30m²）			
考核评价要求	过程考核 40％，知识考核 30％，结果考核 30％			

室内消防管道安装技能单元教学要求　　　　　　　表 53

单元名称	室内消防管道安装	最低学时	30 学时
教学目标	专业能力： 1. 具有消防管道及其附件安装的能力； 2. 具有消防管道及其附件安装质量检验与评定的能力。 方法能力： 1. 分析问题能力； 2. 解决问题的能力。 社会能力： 1. 严谨的工作作风、实事求是的工作态度； 2. 团队合作的能力		
教学内容	1. 常用消防管材的下料、切断与连接； 2. 阀门、附件的安装； 3. 消防管道压力与渗漏试验； 4. 安装质量检验与评定		
教学方法建议	以实际项目为载体采用项目法、"教、学、做"一体化教学		
教学场所要求	校内、消防灭火系统安装实训室（不小于 120m²）		
考核评价要求	过程考核 40％，知识考核 30％，结果考核 30％		

消防水设备安装技能单元教学要求　　　　　　　表 54

单元名称	消防水设备安装	最低学时	30 学时
教学目标	专业能力： 1. 具有消防水设备安装的能力； 2. 具有消防水设备安装质量检验与评定的能力。 方法能力： 1. 分析问题能力； 2. 解决问题的能力。 社会能力： 1. 严谨的工作作风、实事求是的工作态度； 2. 团队合作的能力		
教学内容	1. 消火栓安装； 2. 消防水泵接合器安装； 3. 报警阀组安装； 4. 水流指示器、喷头安装； 5. 延迟器、末端试水装置安装； 6. 消防水泵、消防水箱安装； 7. 安装质量检验与评定		
教学方法建议	以实际项目为载体采用项目法、"教、学、做"一体化教学		
教学场所要求	校内、消防灭火系统安装实训室（不小于 120m²）		
考核评价要求	过程考核 40％，知识考核 30％，结果考核 30％		

建筑防排烟系统安装技能单元教学要求

表 55

单元名称	建筑防排烟系统安装	最低学时	30 学时
教学目标	专业能力： 1. 具有建筑防排烟管道及其设备安装的能力； 2. 具有建筑防排烟管道及其设备安装质量检验与评定的能力。 方法能力： 1. 分析问题能力； 2. 解决问题的能力。 社会能力： 1. 严谨的工作作风、实事求是的工作态度； 2. 团队合作的能力		
教学内容	1. 常见风管管材的下料、切断与连接； 2. 通风机安装 3. 风管漏光检测和漏风量试验 4. 安装质量检验与评定		
教学方法建议	以实际项目为载体采用项目法、"教、学、做"一体化教学		
教学场所要求	校内、防排烟系统安装实训室（不小于 120m²）		
考核评价要求	过程考核 40%，知识考核 30%，结果考核 30%		

火灾自动报警系统安装技能单元教学要求

表 56

单元名称	火灾自动报警系统安装	最低学时	30 学时
教学目标	专业能力： 1. 具有火灾自动报警系统管线施工及设备安装、调试能力； 2. 具有火灾自动报警系统管理软件应用的能力； 3. 具有火灾自动报警系统施工质量检验与评定的能力。 方法能力： 1. 分析问题能力； 2. 解决问题的能力。 社会能力： 1. 严谨的工作作风、实事求是的工作态度； 2. 团队合作的能力		
教学内容	1. 消防电气管线安装； 2. 消防电源配电箱安装 3. 消防电气设备安装； 火灾探测器、控制器、报警按钮、模块、警报器、火灾显示盘、消防电话、消防广播、应急照明及疏散指示标志等设备的安装及编码。 4. 火灾自动报警系统管理软件应用； 应用火灾自动报警系统管理软件进行设备注册、检测、查询和联动公式编写。 5. 火灾自动报警系统调试； 6. 火灾自动报警系统安装质量检验与评定		
教学方法建议	以实际项目为载体采用项目法、"教、学、做"一体化教学		
教学场所要求	校内、火灾自动报警系统安装实训室（不小于 120m²）		
考核评价要求	过程考核 40%，知识考核 30%，结果考核 30%		

消防工程施工组织技能单元教学要求 表 57

单元名称	消防工程施工组织	最低学时	15 学时
教学目标	专业能力： 1. 具有合理选定施工方案的能力； 2. 具有编制施工进度计划的能力； 3. 具有编制资源需用计划的能力； 4. 具有合理布置施工平面的能力。 方法能力： 1. 分析问题的能力； 2. 解决问题的能力。 社会能力： 1. 严谨的工作作风、实事求是的工作态度； 2. 团队合作的能力		
教学内容	1. 选定施工方案； 2. 编制施工进度计划； 3. 编制资源需用计划； 4. 绘制施工平面布置图		
教学方法建议	以实际项目为载体采用项目法、案例法、"教、学、做"一体化教学		
教学场所要求	校内、消防工程施工组织与管理实训室（不小于 70m²）		
考核评价要求	过程考核 40%，知识考核 30%，结果考核 30%		

消防工程施工管理技能单元教学要求 表 58

单元名称	消防工程施工管理	最低学时	15 学时
教学目标	专业能力： 1. 具有编制技术交底文件的能力； 2. 具有制定质量控制措施的能力； 3. 具有制定安全管理制度的能力。 方法能力： 1. 分析问题的能力； 2. 解决问题的能力。 社会能力： 1. 严谨的工作作风、实事求是的工作态度； 2. 团队合作的能力		
教学内容	1. 编制技术交底文件； 2. 制定质量控制措施； 3. 制定安全管理制度		
教学方法建议	以实际项目为载体采用项目法、案例法、"教、学、做"一体化教学		
教学场所要求	校内、消防工程施工组织与管理实训室（不小于 70m²）		
考核评价要求	过程考核 40%，知识考核 30%，结果考核 30%		

单元名称	消防工程造价	最低学时	30 学时
教学目标	专业能力： 1. 能够正确使用消耗量定额、费用定额； 2. 具有编制工程量清单的能力； 3. 具有工程量清单计价的能力； 4. 具有工程成本分析及成本控制的能力。 方法能力： 1. 分析问题能力； 2. 解决问题的能力。 社会能力： 1. 严谨的工作作风、实事求是的工作态度； 2. 团队合作的能力		
教学内容	1. 消防灭火系统工程量清单的编制与计价； 2. 建筑防排烟系统工程量清单的编制与计价； 3. 火灾自动报警及联动控制系统工程量清单的编制与计价		
教学方法建议	以实际项目为载体采用项目法、"教、学、做"一体化教学		
教学场所要求	校内、消防工程造价实训室（不小于 70m²）		
考核评价要求	过程考核 40%，知识考核 30%，结果考核 30%		

3. 课程体系构建的原则要求

（1）"以就业为导向、以能力为本位"的思想；

（2）"以理论知识够用为度、应用知识为主"的原则；

（3）体现"校企合作、工学结合"的原则；

（4）建立突出职业能力培养的课程标准，规范课程教学的原则；

（5）构建理实一体的课程模式原则；

（6）实践教学体系由基础训练、综合训练、顶岗实习递进式构建原则。

9　专业办学基本条件和教学建议

9.1　专业教学团队

1. 专业带头人

专业带头人 1～2 名，消防工程、给排水科学与工程或建筑电气与智能化等相关专业毕业，具有本科及以上学历（中青年教师应具有硕士及以上学历），具有副高级及以上职称，具有较强的本专业工程设计、施工及管理能力，具有中级及以上工程系列职称或国家执业资格证书。

2. 师资数量

专业教师的人数应和学生规模相适应（招生人数不少于 40 人），但专业理论课教师不少于 5 人，专业实践课教师不少于 2 人，生师比不大于 18∶1。

3. 师资水平及结构

专业理论课教师应具有大学本科以上学历，教师中研究生学历或硕士及以上学位比例应达到 15％；具有高级职称专业教师占专业教师总数比例应达到 20％；专业教师中具有"双师型"素质的教师比例应达到 50％。专业理论课教师除能完成课堂理论教学外，还应具有编写讲义、教材和进行教学研究的能力。专业实践课教师应具有编写课程设计、毕业实践的任务书和指导书的能力。

实训教师应具有专科以上学历，具有中级以上技师资格证。

兼职专业教师除满足本科学历条件外，还应具备 5 年以上的实践经验，具有工程师职称，还应具有注册建造师、注册设备工程师、注册造价师等职业资格证。由兼职教师承担的专业课程学时比例应达到 35％。

9.2 教学设施

1. 校内实训条件

校内实训条件要求，见表 60。

表 60

校内实训条件要求

序号	实践教学项目	主要设备、设施名称及数量	实训室（场地）面积（m²）	备注
1	工程图识读与绘制	消防灭火系统施工图、建筑防排烟系统施工图、火灾自动报警系统施工图各 41 套	不小于 70m²	
		绘图桌椅 41 套		
		绘图仪器 41 套		
2	（1）计算机辅助设计实训 （2）消防工程施工组织与管理实训 （3）消防工程造价实训	台式计算机 41 台	不小于 70m²	
		计算机桌椅 41 台		
		CAD 软件		网络版 40 节点
		消防工程设计软件		网络版 40 节点
		消防工程计价软件		网络版 40 节点
		施工组织与管理软件		网络版 40 节点
		投影仪 1 套		2500 流明
		投影幕布 1 套		幕布 120″
3	工程测量	普通经纬仪 10 台	不小于 30m²	
		普通水准仪 10 台		
		水准尺 20 个		3m
		钢卷尺 10 个		30m

序号	实践教学项目	主要设备、设施名称及数量	实训室（场地）面积（m²）	备注
4	（1）室内消防管道安装 （2）消防水设备安装 （3）建筑防排烟系统安装 （4）火灾自动报警系统安装	砂轮切割机5台	不小于300m²	
		电动套丝机5台		
		手提电钻10台		Φ12
		冲击钻10台		Φ20
		台式电钻2台		Φ30
		台式工作台10套		1500×750
		手动试压泵10台		
		交流电焊机5台		
		消防报警联动安装间10间		网格安装墙
		编码器10个		
		火灾探测器、声光报警器、事故广播、手动报警按钮、输出及输入模块等一批		
		咬口机2台		
		折边机2台		
		冲槽机2台		DN100
		滚槽机2台		DN100
		电动套丝机2台		DN100
5	（1）消防灭火系统演示实训 （2）消防灭火系统维护保养实训 （3）消防灭火系统检测实训	火灾演示室	不小于150m²	可视钢化玻璃
		消火栓灭火系统1套		带自救水喉单、双栓消火栓
		自动喷水灭火系统1套		各种喷头
		七氟丙烷气体灭火系统1套		
		泡沫灭火系统1套		
		干粉灭火系统1套		
		消防水泡灭火系统1套		
		防排烟系统1套		
		防火卷帘1套		
		消火栓灭火系统加压泵2台		1用1备
		自动喷水灭火系统加压水泵2台		1用1备
		消防稳压气压装置1套		
		火灾自动探测系统1套		温感、烟感探头报警及联动
		消防控制中心		
		消防水池1个		6m³
		消防高位水箱1个		3m³
		消防检测设备5套		

序号	实践教学项目	主要设备、设施名称及数量	实训室（场地）面积（m²）	备注
6	流体力学实训 （1）雷诺实验 （2）文丘里实验 （3）孔口、管嘴实验 （4）水静压强实验 （5）液体流线实验 （6）能量方程实验 （7）离心水泵特性曲线测定实验	雷诺实验仪 4 套	不小于 120m²	
		文丘里流量计校正仪 4 套		
		孔口、管嘴仪 4 套		
		水静压强仪 4 套		
		液体流线仪（油槽流线仪）4 套		
		能量方程仪 2 台		
		离心泵特性曲线测定实验仪 2 台		

2. 校外实训基地的基本要求

（1）消防工程技术专业校外实训基地应建立在二级及以上资质的房屋建筑工程施工总承包企业及乙级以上消防工程施工企业。

（2）校外实训基地应能提供与本专业培养目标相适应的职业岗位，并宜对学生实施轮岗实训。

（3）校外实训基地应具备符合学生实训的场所和设施，具备必要的学习及生活条件，并配置专业人员指导学生实训。

3. 信息网络教学条件

数字化网络平台、无线网校园全覆盖。

9.3 教材及图书、数字化（网络）资料等学习资源

1. 教材

选用全国高职高专教育土建类专业教学指导委员会规划推荐教材（中国建筑工业出版社出版）或校本教材。

2. 图书及数字化资料

图书资料包括：专业书刊、法律法规、规范规程、教学文件、电化教学资料、教学应用资料等。

（1）专业书刊

有关消防方面的书籍生均 35 册以上；有关消防方面的各类期刊（含报纸）10 种以上，有一定数量且适用的电子读物，并经常更新。

（2）电化教学及多媒体教学资料

有一定数量的教学光盘、多媒体教学课件等资料，并能不断更新、充实其内容和数量，年更新率在 20％以上。

（3）教学应用资料

有一定数量的国内外交流资料，有专业课教学必备的教学图纸、标准图集、规范、预算定额等资料。

9.4 教学方法、手段与教学组织形式建议

（1）在教学过程中，教学内容要紧密结合职业岗位标准，技术规范技术标准，提高学生的岗位适应能力。

（2）在教学过程中，应用模型、投影仪、多媒体、专业软件等教学资源，帮助学生理解施工内容和流程。

（3）教学过程中立足于加强学生实际操作能力和技术应用能力的培养。采用项目教学、任务引领、案例教学等发挥学生主体作用的教学方法，以工作任务引领教学，提高学生的学习兴趣，激发学生学习的内动力。要充分利用校内实训基地和企业施工现场，模拟典型的职业工作任务，在完成工作任务过程中，让学生独立获取信息、独立计划、独立决策、独立实施、独立检查评估，学生在"做中学，学中做"，从而获得工作过程知识、技能和经验。

（4）课程教学的关键是模拟现场教学。应以典型的工作项目或任务为载体，在教学过程中教师展示、演示和学生分组操作并行，学生提问与教师解答、指导有机结合，让学生在"教"与"学"的过程中掌握技术课程的基本知识，实现理论实践一体化。

9.5 教学评价、考核建议

（1）改革传统的学生评价手段和方法，注重学生的职业能力考核，采用项目评价、阶段评价、目标评价、理论与实践一体化评价模式。

（2）关注评价的多元性。结合提问、作业、平时测验、实训操作及考试综合评价学生的成绩。

（3）应注重对学生动手能力和在实践中分析问题、解决问题能力的考核。对在学习和应用上有创新的学生给予积极引导和特别鼓励，综合评价学生能力，发展学生心智。

9.6 教学管理

（1）成立专业教学指导委员会，由行业、企业专家和专任教师组成；

（2）成立课程教学团队；

（3）建立责任制；

（4）尽可能实行学分制、教考分离，有利于学生个性发展和一体化课程的改革。

10 继续学习深造建议

10.1 高职升本

高职毕业后符合升本条件，直接升入普通本科院校消防工程专业、给排水科学与工程专业、建筑电气与智能化等相关专业继续学习深造。

10.2　成人本科

高职毕业后参加成人高考进入成人本科院校，在职攻读消防工程专业、给排水科学与工程专业、建筑电气与智能化等相关专业。

10.3　自考本科

高职毕业后边工作边学习，攻读消防工程专业、给排水科学与工程专业、建筑电气与智能化等相关专业。

消防工程技术专业教学
基本要求实施示例

1 构建课程体系的架构与说明

为了建立突出职业能力培养的课程标准，规范课程教学的基本要求，提高课程教学质量，全面实现高技能人才培养的目标，课程体系的建立要反映"以就业为导向、以能力为本位"的思想；体现"校企合作、工学结合"的原则。

充分发挥行业企业和专业教学指导委员会的作用，按照"专业调研→职业岗位分析→职业能力与素质分析→知识结构分析→确定课程体系→专家论证→调整完善"的技术路线构建课程体系。

1.1 职业岗位分析

通过对建筑安装施工企业、消防施工企业、消防检测企业、消防设施维护保养企业等单位，以及行业管理部门的调查，并邀请行业企业工程与管理人员参与，共同对消防工程技术专业人员的岗位职责、工作内容以及工作标准进行分析，得出消防工程技术专业人员在不同岗位应具备的能力和应掌握的知识，见附表1。

职业与岗位分析表 附表1

单位	岗位	岗位职责	工作内容	工作标准	对应的能力	对应的知识
消防设施检测及维护保养企业	检测及维护保养技术员	1. 负责系统、设备、设施维护管理，确保设备正常运行； 2. 负责系统、设备、设施检测，正确编制检测报告； 3. 负责消防上岗人员的技术培训，提高专业技术水平； 4. 负责收集、整理专业技术文件图纸、设备档案资料，及时归档，妥善保管	1. 系统、设备、设施维护； 2. 系统、设备、设施检测与维修； 3. 培训消防上岗人员； 4. 资料收集、整理和保管	1. 保证系统安全运行； 2. 正确检测系统、设备、设施工作现状； 3. 系统、设备、设施故障排除； 4. 操作符合规程； 5. 提高维保技术水平； 6. 资料收集及时、完整	具有保证消防系统正常运行、解决设备故障的能力；熟练操作检测仪器、提高维保技术水平、收集整理技术资料、计算机文字处理、技术创新等能力	熟悉消防系统的基本原理及组成，熟悉设备原理及性能；熟悉维保岗位操作规程；熟悉消防系统管理的基本知识；掌握计算机操作基本知识

单位	岗位	岗位职责	工作内容	工作标准	对应的能力	对应的知识
消防施工企业	消防施工员	1. 贯彻执行国家颁布的技术标准、施工规范和操作规程； 2. 参加图纸会审，负责编制分部分项工程方案和作业指导书，及时提出项目材料需用计划； 3. 负责技术交底和安全施工交底； 4. 负责编写施工日志，负责办理工序交接、隐蔽工程检查、整理工程竣工资料； 5. 做好施工进度控制及文明施工工作； 6. 负责对施工过程的监控点进行检测，检查，保存记录，收集数据分析资料； 7. 及时编制项目成本原始统计等资料	1. 执行国家的技术标准和规范； 2. 审查图纸，编制施工方案，提出材料计划； 3. 技术及安全交底； 4. 现场技术管理、资料管理； 5. 控制进度，文明施工； 6. 施工过程控制，质量管理； 7. 项目成本核算	1. 正确执行国家标准和规范； 2. 施工方案、资源需用计划合理； 3. 施工符合技术规程，安全生产； 4. 按时记录、及时检查，资料完整； 5. 进度符合要求、文明施工； 6. 保证工程质量； 7. 降低项目成本	具有消防灭火系统、火灾自动报警系统、建筑防排烟系统管道及设备施工、编制施工组织设计、进行现场施工管理、编制工程结算、绘制竣工图的能力	熟悉施工图；掌握消防灭火系统、火灾自动报警系统、建筑防排烟系统管道及设备安装知识；掌握工程结算、施工组织和施工管理知识
	消防造价员	1. 严格执行国家和地方的法律法规和规章制度； 2. 参加图纸会审，编制工程造价及工料分析； 3. 参与投标文件的编制工作，掌握合同执行情况，协助项目经理认真履行合同条款； 4. 经常深入工地，收集各项经济技术资料，做好结算工作的准备； 5. 工程竣工后，及时编制结算书，并与有关部门核实定案； 6. 努力学习，不断提高业务水平	1. 执行法律法规； 2. 参加图纸会审，编制工程造价文件； 3. 参与投标文件编制与合同管理； 4. 收集经济技术资料； 5. 编制工程结算书； 6. 继续学习	1. 正确执行法律法规； 2. 工程造价编制准确； 3. 招标文件编写符合要求，认真履行合同； 4. 收集资料及时、完整； 5. 工程结算及时、准确； 6. 提高业务水平	具有工程量清单编制、工程量清单计价、编制投标报价、编写投标文件、熟练利用计算机编制工程造价等能力	熟悉消防灭火系统、火灾自动报警系统、建筑防排烟系统管道及设备等基本知识；熟悉施工组织、施工管理、招标投标基本知识；掌握工程量清单编制及工程量清单计价知识

单位	岗位	岗位职责	工作内容	工作标准	对应的能力	对应的知识
消防专项设计所	消防设计员	1. 参与设计资料的收集与整理工作；2. 参与初步设计并向相关专业提供资料；3. 参与施工图设计计算并统计主要材料及设备数量；4. 负责施工图的绘制；5. 参与处理施工现场设计问题	1. 收集设计资料；2. 参与初步设计；3. 参与施工图设计；4. 绘制施工图；5. 处理施工问题	1. 资料收集全面、准确；2. 初步设计符合规范；3. 施工图设计符合规范；4. 施工图表示正确；5. 处理问题及时、合理	具有一般消防工程设计、熟练利用计算机处理文字和设计软件绘图等能力	熟悉消防灭火系统、火灾自动报警系统、建筑防排烟系统知识和设计方法；熟悉设计规范；熟练掌握计算机文字处理和绘图软件的应用

1.2 职业能力、专业知识结构及其分析

根据消防工程技术专业从事的职业与岗位分析，该专业的职业能力、专业知识结构见附表2。

职业能力、专业知识结构及其分析　　　　　　　　　　　　附表2

综合能力	专项能力	对应实践课程	专业知识	主要知识点	对应理论课程
1. 计算机应用能力	（1）应用计算机对文字和数据进行处理能力；（2）应用计算机绘图能力；（3）应用计算机编制消防工程造价能力；（3）应用计算机编制消防工程施工组织设计能力	（1）计算机辅助设计实训（2）消防工程专项设计实训（3）消防工程造价实训（4）消防工程施工组织设计实训（5）毕业实践	1. 计算机应用知识	（1）计算机基础及应用知识；（2）文字处理软件应用知识；（3）专业设计软件应用知识；（4）工程量清单计价软件应用知识；（5）施工组织设计软件应用知识	（1）计算机应用基础（2）计算机辅助设计（3）建筑水消防技术（4）建筑气体消防技术（5）建筑防排烟技术（6）建筑电气消防技术（7）消防电气控制技术（8）消防工程造价（9）消防工程施工组织与管理
2. 工程图识读与绘制能力	（1）建筑工程图的识读与绘制能力；（2）消防工程图的识读与绘制能力；（3）应用计算机绘制工程图能力	（1）工程图识读与绘制实训（2）计算机辅助设计实训（3）消防工程专项设计实训（4）毕业实践	2. 工程图识读与绘制知识	（1）投影知识，建筑工程图、消防工程图识读与绘制知识；（2）消防灭火系统知识；（3）建筑防排烟系统知识；（4）火灾自动报警系统知识	（1）工程图识读与绘制（2）计算机辅助设计（3）建筑水消防技术（4）建筑气体消防技术（5）建筑防排烟技术（6）建筑电气消防技术（7）消防电气控制技术

综合能力	专项能力	对应实践课程	专业知识	主要知识点	对应理论课程
3. 消防工程设计能力	(1) 消防工程制图能力； (2) 消防灭火系统设计能力； (3) 建筑防排烟系统设计能力； (4) 火灾自动报警系统设计能力	(1) 工程图识读与绘制实训 (2) 计算机辅助设计实训 (3) 消防灭火系统专项设计实训 (4) 建筑防排烟系统专项设计实训 (5) 火灾自动报警系统专项设计实训 (6) 毕业实践	3. 消防工程设计知识	(1) 消防工程制图知识； (2) 水泵选型知识； (3) 消火栓灭火系统组成、管材设备及设计计算知识； (4) 自动喷水灭火系统组成、管材设备及设计计算知识； (5) 气体灭火系统组成、管材设备及设计计算知识； (6) 建筑防排烟系统组成、管材设备及设计计算知识； (7) 火灾自动报警系统组成、设备及设计计算知识； (8) 计算机绘图知识	(1) 工程图识读与绘制 (2) 计算机辅助设计 (3) 流体力学泵与风机 (4) 建筑水消防技术 (5) 建筑气体消防技术 (6) 建筑防排烟技术 (7) 建筑电气消防技术 (8) 消防电气控制技术
4. 消防工程施工能力	(1) 工程图识读与绘制能力； (2) 工程测量放线能力 (3) 消防灭火系统管道及设备安装与验收能力； (4) 建筑防排烟系统管道及设备安装与验收能力； (5) 火灾自动报警系统安装与验收能力； (6) 编制消防工程造价能力； (7) 消防工程施工组织与管理能力； (8) 应用工程建设法规的能力； (9) 应用计算机处理工程资料和绘制竣工图能力	(1) 工程图识读与绘制实训 (2) 工程测量实训 (3) 室内消防管道安装实训 (4) 消防水设备安装实训 (5) 建筑防排烟系统安装实训 (6) 火灾自动报警系统安装实训 (7) 消防工程施工组织设计实训 (8) 消防工程造价实训 (9) 毕业实践	4. 消防工程施工知识 (1) 消防灭火系统施工知识 (2) 建筑防排烟系统施工知识 (3) 火灾自动报警系统施工知识	(1) 工程图识读与绘制知识； (2) 水准仪、经纬仪和全站仪的构造和使用知识； (3) 建筑灭火系统、建筑防排烟系统、火灾自动报警系统等施工、安装及质量要求知识； (4) 消防工程施工组织与施工管理知识； (5) 消防工程造价知识； (6) 工程建设法规基本知识	(1) 工程图识读与绘制 (2) 工程测量 (3) 建筑水消防技术 (4) 建筑气体消防技术 (5) 建筑防排烟技术 (6) 建筑电气消防技术 (7) 消防电气控制技术 (8) 消防管道工程施工技术 (9) 消防电气施工技术 (10) 消防工程造价 (11) 消防工程施工组织与管理 (12) 工程建设法规

综合能力	专项能力	对应实践课程	专业知识	主要知识点	对应理论课程
5. 消防工程造价编制能力	(1) 工程图识读能力； (2) 消防工程量清单编制能力； (3) 消防工程量清单计价能力； (4) 编写投标文件能力	(1) 消防工程造价实训 (2) 毕业实践	5. 消防工程造价编制知识	(1) 工程图的识读知识 (2) 建筑灭火系统组成、管材设备知识及施工知识； (3) 建筑防排烟系统组成、管材设备知识及施工知识； (4) 火灾自动报警系统组成设备知识及施工知识； (5) 工程量清单编制及计价知识； (6) 工程招标投标基本知识	(1) 工程图识读与绘制 (2) 建筑水消防技术 (3) 建筑气体消防技术 (4) 建筑防排烟技术 (5) 建筑电气消防技术 (6) 消防电气控制技术 (7) 消防管道工程施工技术 (8) 消防电气施工技术 (9) 消防工程造价 (10) 消防工程施工组织与管理
6. 消防工程施工组织与管理能力	(1) 工程图识读能力； (2) 编制消防工程施工组织设计能力； (3) 消防工程施工管理能力	(1) 消防工程施工组织与管理实训 (2) 毕业实践	6. 消防工程施工组织与管理知识	(1) 工程图的识读知识； (2) 建筑灭火系统组成、管材设备知识及施工知识； (3) 建筑防排烟系统组成、管材设备知识及施工知识； (4) 火灾自动报警系统组成设备知识及施工知识； (5) 工程量清单编制及计价知识 (6) 工程招标投标基本知识	(1) 工程图识读与绘制 (2) 消防管道工程施工技术 (3) 消防电气施工技术 (4) 消防工程造价 (5) 消防工程施工组织与管理

综合能力	专项能力	对应实践课程	专业知识	主要知识点	对应理论课程
7. 消防设施检测与维护保养能力	(1) 消防设施检测能力 (2) 消防设施维护保养能力	(1) 消防设施检测及维护保养实训 (2) 毕业实践	7. 消防设施检测与维护保养知识	(1) 工程图的识读知识； (2) 建筑灭火系统组成、管材设备知识及施工知识； (3) 建筑防排烟系统组成、管材设备知识及施工知识； (4) 火灾自动报警系统组成设备知识及施工知识；	(1) 工程图识读与绘制 (2) 建筑水消防技术 (3) 建筑气体消防技术 (4) 建筑防排烟技术 (5) 建筑电气消防技术 (6) 消防电气控制技术 (7) 消防管道工程施工技术 (8) 消防电气施工技术

1.3 构建理论课程和实践课程体系

理论教学课程以应用为主，突出基本知识，减少不必要的公式推导和论证，淡化理论知识的系统性和完整性，突出应用性、实用性，提高学生分析和解决实际问题的能力。理论课程的内容要及时反映本专业领域的新技术、新工艺、新材料的应用，教学内容既相对稳定，又不断更新。

实践教学过程是培养学生职业能力的重要环节，是能否实现本专业人才培养目标的关键。实践教学课程以职业能力培养为中心，突出实践能力培养。实践教学课程，既有与理论课对应的实训课程，又有形成岗位职业能力的实践课程。在课时安排上，实践教学课时数应不少于理论教学课时数。

1. 理论课程体系（附表 3）

理论课程体系 　　　　　　　　　　　　　　　　　　　　　　　　　　　附表 3

A 文化基础课 （536/170）	A1 思想道德与法律基础（48/0）	A2 毛泽东思想、邓小平理论与"三个代表"重要思想概论（64/16）	A3 形势与政策（18/0）
	A4 军事理论（36/0）		
	A5 高等数学（100/12）		
	A6 体育与健康（90/64）		
	A7 英语（100/24）		
	A8 计算机应用基础（80/54）		

	B1 工程图识读与绘制（60/18）		B2 计算机辅助设计（60/32）		
	B3 流体力学泵与风机（60/20）				
	B4 电工基本知识（48/12）				
	B5 建筑概论（48/12）				
B 专业课 （996/350）	B6 工程测量（60/16）				
	B7 建筑水消防技术（80/40）	B12 消防管道工程施工技术（80/30）	B14 消防工程造价（90/30）	B15 消防工程施工组织与管理（60/20）
	B8 建筑气体消防技术（60/20）			
	B9 建筑防排烟技术（60/10）			
	B10 建筑电气消防技术（80/35）	B13 消防电气施工技术（60/25）		
	B11 消防电气控制技术（60/30）			
	B16 工程建设法规（30/0）				
C 限选课 （306/54）	C1 应用文写作（30/6）				
	C2 专业英语（30/6）				
	C3 建筑给排水工程（60/12）				
	C4 建筑供配电与照明（60/12）				
	C5 通风与空调工程（60/12）				
	C6 工程监理（30/0）				
	C7 职业规划与就业指导（36/6）				
D 任选课（90/0）	D 任选课（90/0）				

注：1. （）内数字为基本学时，其中"/"上为总学时，下为实践教学学时。
    2. 横向排列的课程按先修后续关系排列，竖向排列无序列关系。
    3. 部分专业课程可视实际情况在实习现场开设。

2. 实践教学体系（附表4）

实践教学体系   附表4

E1 专业教育参观（1）
E2 军事训练（2）
E3 工程图识读与绘制实训（1）
E4 工程测量实训（1）
E5 计算机辅助设计实训（1）
E6 建筑水消防灭火系统设计实训（1）
E7 建筑防排烟系统设计实训（1）
E8 火灾自动报警系统设计实训（1）
E9 室内消防管道安装实训（1）
E10 建筑水消防设备安装实训（1）
E11 建筑防排烟系统安装实训（1）
E12 火灾自动报警系统安装实训（1）
E13 消防工程造价实训（1）
E14 消防工程施工组织与管理实训（1）

毕业实践	岗位能力综合实训	E15 消防工程设计实训（4）	E19 顶岗实习（19）
		E16 消防工程施工实训（4）	
		E17 消防工程造价实训（2）	
		E18 消防工程施工管理实训（2）	
		E20 毕业实践答辩（1）	

注：1.（　）内数字为周数，共 47 周，折算为 1410 学时。

　　2. 横向排列的课程按先修后续关系排列。

　　3. E1 采用实习周的形式在校外实训基地参观；E2～E14 采用专用周的形式安排在校内进行；E15～E19 安排在校外实训基地进行；E20 安排在校内或实习所在地进行，答辩委员会成员应以企业专家为主。

3. 教学时数分配（附表 5）

教学时数分配　　　　　　　　　　　　　　　　　　附表 5

课程类别		学　时	其中	
			理　论	实　践
理论课程	文化基础课	536	366	170
	专业课	996	646	350
	选修课	396	342	54
	小计	1928	1354	574
实践课程		1410	0	1410
合　计		3338	1354	1984
理论课程占总学时的比例			40.56%	
实践课程及实践环节占总学时的比例			59.44%	

2　专业核心课程简介（附表 6～附表 14）

《建筑水消防技术》课程简介　　　　　　　　　　附表 6

课程名称	建筑水消防技术	学时：80	理论 40 学时 实践 40 学时
教学目标	专业能力： 1. 具有消火栓、自动喷水灭火系统设计方案选择与确定的能力； 2. 具有消防给水管道布置的能力； 3. 具有消防给水管道水力计算的能力； 4. 具有消火栓、自动喷水灭火系统设计的能力； 5. 具有固定式消防水泡系统设计、计算的能力； 6. 具有建筑水消防系统施工图绘制的能力。 方法能力： 培养学生分析问题、解决问题的能力。 社会能力： 1. 严谨的工作作风、实事求是的工作态度； 2. 团队合作的能力		

课程名称	建筑水消防技术	学时：80	理论 40 学时 实践 40 学时
教学内容	单元1：消防给水系统 　知识点：消防给水系统的组成、消防给水系统设计规范、消防给水系统方案比选、消防给水系统设计计算的方法。 　技能点：消防给水系统设计方案比选、消防给水系统设计。 单元2：消火栓灭火系统 　知识点：消火栓灭火系统的组成、消火栓灭火系统选择、消火栓灭火系统管道布置与敷设、消火栓灭火系统管道水力计算。 　技能点：消火栓灭火系统设计。 单元3：自动喷水灭火系统 　知识点：自动喷水灭火系统的组成、喷头与管道布置与敷设、喷淋管道水力计算。 　技能点：自动喷水灭火系统设计计算 单元4：固定式消防水炮灭火系统 　知识点：固定式消防水炮灭火系统的组成、布置、设计计算方法。 　技能点：固定式消防水炮灭火系统设计计算		
实训项目及内容	项目1：消火栓灭火系统设计 收集资料、方案比选、设计计算、绘制施工图。 项目2：自动喷水灭火系统设计 收集资料、方案比选、设计计算、绘制施工图。		
教学方法建议	讲授法、案例法、"教、学、做"一体、项目法		
考核评价要求	过程考核40%，知识考核30%，结果考核30%		

《建筑气体消防技术》课程简介　　　　　　　　　　　　附表7

课程名称	建筑气体消防技术	学时：60	理论 40 学时 实践 20 学时
教学目标	专业能力： 1. 具有气体灭火系统设计方案选择与确定的能力； 2. 具有气体灭火系统布置的能力； 3. 具有气体灭火系统系统设计、计算的能力； 4. 具有气体灭火系统施工图绘制的能力。 方法能力： 培养学生分析问题、解决问题的能力。 社会能力： 1. 严谨的工作作风、实事求是的工作态度； 2. 团队合作的能力		
教学内容	气体灭火系统 　知识点：气体灭火剂的种类、气体灭火系统的类型与工作原理、气体灭火系统主要组件及设计要求、气体灭火系统方案比选、选定气体灭火剂类型及系统类型、防护区的确定与划分、设计用量与泄压口面积计算、管网布置、管网计算、绘制气体灭火系统施工图。 　技能点：气体灭火系统设计计算		

课程名称	建筑气体消防技术	学时：60	理论 40 学时 实践 20 学时
实训项目及内容	项目：气体灭火系统设计 收集资料、方案比选、设计计算、绘制施工图		
教学方法建议	讲授法、案例法、"教、学、做"一体、项目法		
考核评价要求	过程考核 40%，知识考核 30%，结果考核 30%		

《建筑防排烟技术》课程简介　　　　　　　　　　　　　　　　附表 8

课程名称	建筑防排烟技术	学时：60	理论 50 学时 实践 10 学时
教学目标	专业能力： 1. 具有建筑防排烟系统设计方案选择与确定的能力； 2. 具有建筑机械排烟系统设计的能力； 3. 具有地下车库通风与防排烟的设计能力； 4. 具有建筑防排烟系统施工图绘制的能力。 5. 具有风管制作及加工连接的能力； 6. 具有通风设备安装能力； 7. 具有建筑防排烟系统施工质量检验与评定能力。 方法能力： 培养学生分析问题、解决问题的能力。 社会能力： 1. 严谨的工作作风、实事求是的工作态度； 2. 团队合作的能力		
教学内容	单元 1：建筑自然通风 知识点：自然通风的基本原理、自然排风自然送风的方式及设计要点； 技能点：自然送、排风口的布置 单元 2：建筑机械防排烟系统 知识点：建筑的防火分区和防烟分区、机械排烟系统组成和设计要求、机械加压送风防烟系统的设计要求、地下车库的通风与防排烟设计要求 技能点：建筑防排烟系统方案比选、建筑防排烟系统设计、地下车库的通风与防排烟设计 单元 3：建筑防排烟系统的安装 知识点：风管制作及加工连接、通风设备的安装、防排烟系统的质量验收 技能点：编制建筑防排烟管道及通风设备安装施工方案		
实训项目及内容	项目 1：建筑防排烟系统设计 收集资料、方案比选、设计计算、绘制施工图。 项目 2：建筑防排烟系统安装 图纸会审、工程量计算、编制施工方案、安装与质量评定		
教学方法建议	讲授法、案例法、"教学做"一体、项目法		
考核评价要求	过程考核 40%，知识考核 30%，结果考核 30%		

《建筑电气消防技术》课程简介 附表 9

课程名称	建筑电气消防技术	学时：80	理论 45 学时 实践 35 学时
教学目标	专业能力： 1. 具有火灾自动报警系统工程图识读的能力； 2. 具有火灾自动报警系统工程设计的能力。 方法能力： 培养学生分析问题、解决问题的能力。 社会能力： 1. 严谨的工作作风、实事求是的工作态度； 2. 团队合作的能力		
教学内容	单元1：火灾自动报警系统 知识点：高层建筑的定义和特点、防火分类、耐火等级、报警区域、探测区域、防火分区、防烟分区；火灾自动报警系统的组成、作用、工作原理，系统形式，火灾探测器分类、工作原理和设置，报警按钮、警报器、火灾显示盘、消防模块、火灾报警控制器的布置方法，消防控制室的设置方法，总线制、多线制。 技能点：建筑物分类、相关区域划分的能力，报警设备选择和布置的能力、消防控制室的设置、火灾自动报警系统施工图绘制。 单元2：消防联动控制系统 知识点：消防灭火系统、消防应急广播系统、消防专用电话系统、防烟排烟系统、电梯、防火卷帘系统、消防应急照明和疏散指示系统的原理与组成。 技能点：消防灭火系统、消防应急广播系统、消防专用电话系统、防烟排烟系统、电梯、防火卷帘系统、消防应急照明和疏散指示系统的系统设计方案选择、设备选型、布置、计算，消防联动控制系统施工图的绘制		
实训项目及内容	项目：高层建筑火灾自动报警系统设计 收集资料、方案比选、设计计算、绘制施工图		
教学方法建议	讲授法、案例法、"教、学、做"一体、项目法		
考核评价要求	过程考核 40%，知识考核 30%，结果考核 30%		

《消防电气控制技术》课程简介 附表 10

课程名称	消防电气控制技术	学时：60	理论 30 学时 实践 30 学时
教学目标	专业能力： 1. 具有消防电气控制线路识图能力和分析能力； 2. 具有消防电气控制柜安装与调试的能力。 方法能力： 培养学生分析问题、解决问题的能力。 社会能力： 1. 严谨的工作作风、实事求是的工作态度； 2. 团队合作的能力		

课程名称	消防电气控制技术	学时：60	理论 30 学时 实践 30 学时
教学内容	单元1：电气控制基本知识 知识点： 1. 常用低压电器的结构、工作原理与应用。接触器、继电器、低压开关、主令电器、熔断器的结构、工作原理与应用。 2. 基本电气控制线路的识图、分析与安装 三相异步电动机的点动控制、单向连续控制和正反转控制线路图识图与线路分析。 技能点：简单电气控制原理图识图，点动、连动和正反转控制线路的安装与调试。 单元2：防排烟系统的电气控制 知识点：防排烟系统的电气控制线路分析。 技能点：防排烟系统电气控制线路的安装与调试。 单元3：防火卷帘的电气控制 知识点：防火卷帘的电气控制线路分析。 技能点：防火卷帘电气控制线路的安装与调试。 单元4：消防水泵的电气控制 知识点：消火栓水泵及喷淋泵电气控制线路分析。 技能点：消火栓水泵及喷淋泵电气控制线路的安装与调试		
实训项目及内容	1. 三相异步电动机的正反转控制线路安装 编制施工方案、安装与调试、质量评定。 2. 消火栓水泵或喷淋泵电气控制线路的安装与调试 编制施工方案、安装与调试、质量评定		
教学方法建议	讲授法、案例法、"教、学、做"一体、项目法		
考核评价要求	过程考核40%，知识考核30%，结果考核30%		

《消防管道工程施工技术》课程简介　　　　　附表11

课程名称	消防管道工程施工技术	学时：80	理论 50 学时 实践 30 学时
教学目标	专业能力： 1. 掌握室外消防工程施工的方法； 2. 掌握消火栓、自动喷淋消防管道施工的方法与要求； 3. 掌握水幕、雨淋消防管道施工的方法与要求； 4. 掌握自动寻的消防水炮管道施工的方法与要求； 5. 掌握泡沫消防、气体消防管道施工的方法与要求； 6. 掌握水喷雾、细水雾、预作用系统消防管道施工的方法与要求； 7. 掌握消防管道与设备防腐工程施工的方法； 8. 掌握支吊架制作与安装、管道组装与吊装的方法与要求； 9. 掌握消防水泵、消防水池（水箱）基础施工、配管安装的方法与要求； 10. 能配合工程施工进行质量及安全控制； 11. 具备参与工程竣工验收的能力； 12. 具备消防管道、设备、仪表管理运行与维护保养的能力。 方法能力： 培养学生分析问题、解决问题的能力。 社会能力： 1. 严谨的工作作风、实事求是的工作态度； 2. 诚实、守信善于沟通合作的优良品质； 3. 团队合作和承受挫折的能力		

课程名称	消防管道工程施工技术	学时：80	理论 50 学时 实践 30 学时
教学内容	单元 1：消防管道工程预留、预埋施工 知识点：消防施工图的识读方法、现场配合土建进行消防管道工程预留、预埋施工。 技能点：配合土建施工、编制施工管理资料。 单元 2：消防管道工程施工 知识点：管道切割与下料计算、螺纹连接、法兰连接、卡箍链接、焊接原理与方法、质量控制。 技能点：编制消防管道施工方案。 单元 3：消防水泵、消防水池（水箱）的施工与安装 知识点：水泵房施工图识读、水泵基础施工、消防水池（水箱）配管预埋与安装。 技能点：编制消防水泵、消防水池（水箱）施工安装方案。 单元 4：特殊消防设备的安装 知识点：水幕、雨淋、消防水炮、水喷雾、细水雾、预作用系统、泡沫消防、气体消防设备安装。 技能点：编制特殊消防设备安装施工方案。 单元 5：管道与设备防腐 知识点：设备及管道防腐材料与要求、设备及管道防腐施工方法。 技能点：金属设备及管道防腐施工。 单元 6：消防管道、设备、仪表管理运行与维护保养 知识点：消火栓、自动喷淋消防设备管理运行与维护保养、特殊消防设备的管理运行与维护保养。 技能点：编制消防系统管理运行与维护保养方案		
实训项目及内容	项目 1. 室内消防管道安装 管道下料与连接、管道安装、安装标准与质量评定。 项目 2. 消防水设备安装 常见消防水设备安装、安装标准与质量评定		
教学方法建议	讲授法、案例法、"教、学、做"一体、项目法		
考核评价要求	过程考核 40%，知识考核 30%，结果考核 30%		

《消防电气施工技术》课程简介　　　　　　　　　　　　　　附表 12

课程名称	消防电气施工技术	学时：60	理论 35 学时 实践 25 学时
教学目标	专业能力： 1. 掌握消防电气管线的施工方法及要求； 2. 掌握消防电气设备安装的施工方法、调试方法及要求； 3. 能配合工程施工进行质量及安全控制； 4. 具备参与工程竣工验收的能力。 方法能力： 培养学生分析问题、解决问题的能力。 社会能力： 1. 严谨的工作作风、实事求是的工作态度； 2. 诚实、守信善于沟通合作的优良品质； 3. 团队合作和承受挫折的能力		

课程名称	消防电气施工技术	学时：60	理论 35 学时 实践 25 学时
教学内容	单元 1：消防电气管线的施工 知识点：钢管明、暗配线的施工施工方法及要求；PVC 管暗配线的施工方法及要求；金属线槽配线的施工方法及要求。 技能点：钢管、PVC 管、金属线槽的安装。 单元 2：消防电气设备安装与调试 知识点：火灾探测器的安装方法及要求；控制器类设备的安装方法及要求；消防电源配电箱的安装方法及要求；火灾自动报警系统其他设备的安装方法及要求；火灾自动报警系统管理软件的应用；火灾自动报警系统调试的内容与方法；火灾自动报警系统施工质量验收与评定。 技能点：消防电气设备安装与调试，火灾自动报警系统管理软件的应用		
实训项目及内容	项目：火灾自动报警系统安装 熟悉图纸、制定施工方案、安装系统并进行调试		
教学方法建议	讲授法、案例法、"教、学、做"一体、项目法		
考核评价要求	过程考核 40%，知识考核 30%，结果考核 30%		

《消防工程造价》课程简介   附表 13

课程名称	消防工程造价	学时：90	理论 60 学时 实践 30 学时
教学目标	专业能力： 1. 正确应用消耗量定额、费用定额； 2. 掌握工程量清单编制和计价的方法；熟悉投标报价程序； 3. 理解各种造价文件及造价政策的要求；掌握工程结算的编制方法； 4. 具有运用工程造价知识进行工程成本分析及控制的能力。 方法能力： 培养学生分析问题、解决问题的能力。 社会能力： 1. 严谨的工作作风、实事求是的工作态度； 2. 团队合作和承受挫折的能力		
教学内容	单元 1：工程建设及工程造价 知识点：工程建设基本程序、建设工程费用、工程定额、工程量清单、工程量清单计价。 技能点：工程量清单编制及计价。 单元 2：消防灭火系统工程计量与计价 知识点：消防灭火系统工程定额、消防灭火系统工程量清单及计价。 技能点：确定消防灭火系统工程造价。 单元 3：火灾自动报警系统工程计量与计价 知识点：火灾自动报警系统工程定额、火灾自动报警系统工程量清单及计价。 技能点：确定火灾自动报警系统工程造价。 单元 4：建筑防排烟工程计量与计价 知识点：建筑防排烟工程定额、建筑防排烟工程量清单及计价。 技能点：确定建筑防排烟工程造价。 单元 5：工程招投标 知识点：工程招投标程序、招标公告与招标文件、投标文件。 技能点：编制工程招投标文件		

课程名称	消防工程造价	学时：90	理论 60 学时 实践 30 学时
实训项目及内容	项目 1. 消防灭火系统工程造价 熟悉图纸、编制工程量清单、工程量清单计价。 项目 2. 火灾自动报警系统工程造价 熟悉图纸、编制工程量清单、工程量清单计价。 项目 3. 消防防排烟工程造价 熟悉图纸、编制工程量清单、工程量清单计价		
教学方法建议	讲授法、案例法、"教、学、做"一体、项目法		
考核评价要求	过程考核 30%，知识考核 30%，结果考核 40%		

《消防工程施工组织与管理》课程简介　　　　　　　　附表 14

课程名称	消防工程 施工组织与管理	学时：60	理论 40 学时 实践 20 学时
教学目标	专业能力： 1. 掌握工程项目管理、项目管理规划、项目管理组织基本知识； 2. 掌握施工组织计划、施工组织设计及施工方案的编制方法； 3. 熟悉项目进度管理内容，掌握项目进度计划、项目进度控制方法； 4. 熟悉项目质量管理、质量管理体系，项目质量计划内容、掌握项目质量控制方法、项目施工质量事故处理程序。 5. 熟悉项目施工成本管理内容、施工成本计划，掌握项目成本核算、施工成本分析方法。 方法能力： 培养学生分析问题、解决问题的能力。 社会能力： 1. 严谨的工作作风、实事求是的工作态度； 2. 团队合作和承受挫折的能力		
教学内容	单元 1：施工组织与管理概述 知识点：建筑工程项目管理内容、项目管理规划、项目管理组织。 技能点：绘制项目管理组织机构图 单元 2：建筑工程施工组织设计 知识点：施工组织计划、施工组织设计总设计、单位工程施工组织设计、施工方案。 技能点：编制单位工程施工设计、制定施工方案。 单元 3：项目进度管理 知识点：项目进度管理内容、项目进度计划、项目进度控制方法。 技能点：制定项目进度控制方案。 单元 4：项目质量管理 知识点：项目质量管理内容、质量管理体系、项目质量计划、项目质量控制方法、项目施工质量事故处理程序、项目质量改进。 技能点：制定项目质量控制方案。 单元 5：项目成本管理 知识点：项目施工成本管理内容、施工成本计划、项目成本核算、施工成本分析。 技能点：项目成本核算与施工成本分析		

课程名称	消防工程 施工组织与管理	学时：60	理论 40 学时 实践 20 学时
实训项目及内容	项目 1. 消防工程项目施工组织设计 熟悉图纸、确定工作量、选择施工方法、编制施工进度计划。 项目 2. 消防工程项目进度、质量控制方案 熟悉工程项目、编制项目进度及质量控制方案		
教学方法建议	讲授法、案例法、项目法		
考核评价要求	过程考核 30%，知识考核 30%，结果考核 40%		

3 教学进程安排及说明

3.1 专业教学进程安排见附表 15。

消防工程技术专业教学进程安排 　　　　　　　　附表 15

课程 类别	序号	课程名称	学时			课程按学期安排					
			理论	实践	合计	第一 学期	第二 学期	第三 学期	第四 学期	第五 学期	第六 学期
必 修 课	一	文化基础课									
	1	思想道德修养与法律基础	48	0	48	✓					
	2	毛泽东思想和中国特色 社会主义理论体系	48	16	64		✓				
	3	形势与政策	18	0	18		✓	✓	✓		
	4	军事理论	36	0	36	✓					
	5	高等数学	88	12	100	✓	✓				
	6	体育与健康	26	64	90	✓	✓	✓			
	7	英语	76	24	100	✓	✓				
	8	计算机应用基础	26	54	80	✓					
		小计	366	170	536						
	二	专业课									
	9	工程图识读与绘制	42	18	60	✓					
	10	计算机辅助设计	28	32	60		✓				
	11	流体力学泵与风机	40	20	60		✓				
	12	电工基本知识	36	12	48		✓				
	13	建筑概论	30	12	48		✓				
	14	工程测量	44	16	60		✓				
	15	建筑水消防技术★	40	40	80			✓			

课程类别	序号	课程名称	学时			课程按学期安排					
			理论	实践	合计	第一学期	第二学期	第三学期	第四学期	第五学期	第六学期
必修课	16	建筑气体消防技术★	40	20	60			✓			
	17	建筑防排烟技术★	50	10	60			✓			
	18	建筑电气消防技术★	45	35	80			✓			
	19	消防电气控制技术★	30	30	60			✓			
	20	消防管道工程施工技术★	50	30	80				✓		
	21	消防电气施工技术★	35	25	60				✓		
	22	消防工程造价★	60	30	90					✓	
	23	消防工程施工组织与管理★	40	20	60					✓	
	24	工程建设法规	30	0	30					✓	
		小计	646	350	996						
选修课	三	限选课									
	25	应用文写作	24	6	30	✓					
	26	专业英语	24	6	30			✓			
	27	建筑给排水工程	48	12	60		✓				
	28	建筑供配电与照明	48	12	60		✓				
	29	通风与空调工程	48	12	60				✓		
	30	工程监理	30	0	30					✓	
	31	职业规划与就业指导	30	6	36		✓				
		小计	252	54	306						
	四	任选课									
	32	小计	90	0	90	✓	✓	✓			
		总计	1354	574	1928						

注：1. 标注★的课程为专业核心课程。

2. 限选课，共计306学时。

3. 任选课，共计90学时。

3.2 实践教学安排表见附表16。

消防工程技术专业实践教学安排 附表16

序号	项目名称	教学内容	课程名称	学时	第一学期	第二学期	第三学期	第四学期	第五学期	第六学期
1	专业教育参观	1. 参观建筑消防工程项目； 2. 参观消防维护保养公司； 3. 参观消防检测公司	认识实习	30	✓					

序号	项目名称	教学内容	课程名称	学时	第一学期	第二学期	第三学期	第四学期	第五学期	第六学期
2	军事训练	1. 队列训练； 2. 内务训练	军事理论	60	✓					
3	工程图识读与绘制实训	1. 识读工程图； 2. 绘制工程图	工程图识读与绘制	30	✓					
4	工程测量实训	1. 经纬仪、水准仪使用； 2. 角度测量、高程测量； 3. 施工测量放样	工程测量	30		✓				
5	计算机辅助设计实训	1. 常用绘图及编辑命令应用； 2. 应用计算机辅助设计软件绘制工程图	计算机辅助设计	30		✓				
6	建筑水消防系统设计实训	1. 消火栓灭火系统设计； 2. 自动喷水灭火系统设计	建筑水消防技术	30			✓			
7	建筑防排烟系统设计实训	1. 建筑防排烟系统设计； 2. 地下车库通风与防排烟设计	建筑防排烟技术	30			✓			
8	火灾自动报警系统设计实训	1. 火灾自动报警系统设计； 2. 消防联动控制系统设计	建筑电气消防技术	30			✓			
9	室内消防管道安装实训	1. 室内消防管道安装； 2. 消防管道附件安装	消防管道工程施工技术	30				✓		
10	消防水设备安装实训	1. 消防水设备安装； 2. 消防水设备验收	消防管道工程施工技术	30				✓		
11	建筑防排烟系统安装实训	1. 防排烟系统风管制作； 2. 防排烟系统风管安装	建筑防排烟技术	30			✓			
12	火灾自动报警系统安装实训	1. 火灾自动报警系统安装； 2. 火灾自动报警系统调试	消防电气施工技术	30				✓		
13	消防工程造价实训	1. 工程量清单编制； 2. 工程量清单计价	消防工程造价	30					✓	
14	消防工程施工组织与管理实训	1. 消防工程项目施工组织设计； 2. 消防工程项目进度、质量控制方案	消防工程施工组织与管理	30					✓	

序号	项目名称	教学内容	课程名称	学时	第一学期	第二学期	第三学期	第四学期	第五学期	第六学期
15	消防工程设计实训	消防工程设计	毕业实践	120					✓	
16	消防工程施工实训	消防工程施工	毕业实践	120					✓	
17	消防工程造价实训	消防工程造价	毕业实践	60					✓	
18	消防工程施工管理实训	消防工程施工组织与管理	毕业实践	60					✓	
19	顶岗实习	职业岗位能力	毕业实践	570						✓
20	毕业答辩	文字总结与口头表达	毕业实践	30						✓
			小计	1410						

注：每周按 30 学时计算。

3.3 教学安排说明

积极推行学分制，理论教学按 15～18 学时折算为 1 学分，实践教学按 1 周折算为 1 学分，修满 155～175 学分方可毕业。

毕业实践分为二个阶段：第一阶段安排在第五学期后 12 周，到实习单位进行相应岗位能力的综合训练；第二阶段安排在第六学期，在实习单位进行顶岗实习。

消防工程技术专业校内实训及校内实训基地建设导则

1 总　　则

1.0.1 为了加强和指导高职高专教育消防工程技术专业校内实训教学和实训基地建设，强化学生实践能力，提高人才培养质量，特制定本导则。

1.0.2 本导则依据消防工程技术专业学生的专业能力和知识的基本要求制定，是《高等职业教育消防工程技术专业教学基本要求》的重要组成部分。

1.0.3 本导则适用于消防工程技术专业校内实训教学和实训基地建设。

1.0.4 本专业校内实训与校外实训应相互衔接，实训基地与相关专业及课程实现资源共享。

1.0.5 消防工程技术专业的校内实训教学和实训基地建设，除应符合本导则外，尚应符合国家现行标准、政策的规定。

2 术　　语

2.0.1 实训

在学校控制状态下，按照人才培养规律与目标，对学生进行职业能力训练的教学过程。

2.0.2 基本实训项目

与专业培养目标联系紧密，且学生必须在校内完成的职业能力训练项目。

2.0.3 选择实训项目

与专业培养目标联系紧密，根据学校实际情况，宜在学校开设的职业能力训练项目。

2.0.4 拓展实训项目

与专业培养目标相联系，体现专业发展特色，可在学校开展的职业能力训练项目。

2.0.5 实训基地

实训教学实施的场所，包括校内实训基地和校外实训基地。

2.0.6 共享性实训基地

与其他院校、专业、课程共用的实训基地。

2.0.7 理实一体化教学法

即理论实践一体化教学法，将专业理论课与专业实践课的教学环节进行整合，通过设定的教学任务，实现边教、边学、边做。

3 校内实训教学

3.1 一般规定

3.1.1 消防工程技术专业必须开设本导则规定的基本实训项目，且应在校内完成。

3.1.2 消防工程技术专业应开设本导则规定的选择实训项目，且宜在校内完成。

3.1.3 学校可根据本校专业特色，选择开设拓展实训项目。

3.1.4 实训项目的训练环境宜符合消防工程的真实环境。

3.1.5 本章所列实训项目，可根据学校所采用的课程模式、教学模式和实训教学条件，采取理实一体化教学或独立于理论教学进行训练；可按单个项目开展训练或多个项目综合开展训练。

3.2 基本实训项目

3.2.1 本专业的校内基本实训项目应包括工程图识读与绘制实训、计算机辅助设计实训、工程测量实训、建筑水消防系统设计实训、建筑防排烟系统设计实训、火灾自动报警系统设计实训、室内消防管道安装实训、消防水设备安装实训、建筑防排烟系统安装实训、火灾自动报警系统安装实训、消防工程造价实训、消防工程施工组织与管理实训。

3.2.2 本专业的基本实训项目应符合表3.2.2的要求。

基本实训项目   表3.2.2

序号	实训名称	能力目标	实训内容	实训方式	评价要求
1	工程图识读与绘制实训	识读与绘制一般消防工程的施工图	消防灭火系统施工图、火灾自动报警系统施工图、建筑防排烟系统施工图识读与绘制	识图绘图	用真实的工程施工图纸作为评价载体，按照读图的准确度、速度以及绘图的正确性进行评价
2	计算机辅助设计实训	利用计算机绘制工程图	绘图设置、工程图的绘制、工程图的打印	设计	用真实的工程施工图纸作为评价载体，按照绘图的正确性以及熟练程度进行评价
3	工程测量实训	利用测量仪器进行消防工程施工测量放线	经纬仪、水准仪使用、标高测量、施工放线	测量操作	根据准备工作、操作过程和最终成果进行评价
4	建筑水消防系统设计实训	消火栓灭火系统、自动喷水灭火系统设计	收集资料、方案比选、设计计算、绘制施工图	设计	根据设计计算书、施工图纸以及答辩情况进行评定
5	建筑防排烟系统设计实训	建筑防排烟系统设计	收集资料、方案比选、设计计算、绘制施工图	设计	根据设计计算书、施工图纸以及答辩情况进行评定

序号	实训名称	能力目标	实训内容	实训方式	评价要求
6	火灾自动报警系统设计实训	火灾自动报警系统设计	收集资料、方案比选、设计计算、绘制施工图	设计	根据设计计算书、施工图纸以及答辩情况进行评定
7	室内消防管道安装实训	室内消防管道及附件安装的基本操作	消防管材的切断与连接、阀门的安装、安装质量检验	安装操作	根据准备工作、操作过程和最终成果进行评价
8	消防水设备安装实训	消防水设备安装的基本操作	消防水设备的安装、安装质量检验	安装操作	根据准备工作、操作过程和最终成果进行评价
9	建筑防排烟系统安装实训	防排烟风管制作与安装基本操作	风管下料、制作成型、定位与安装	安装操作	根据准备工作、操作过程和最终成果进行评价
10	火灾自动报警系统安装实训	火灾自动报警系统的安装与调试操作	消防电气管线、电源配电箱、电气设备安装；管理软件运用；系统调试	安装调试操作	根据准备工作、操作过程和最终成果进行评价
11	消防工程造价实训	编制消防工程造价文件	一般消防工程的工程量清单与计价文件编制。	编制工程造价文件	根据工程量清单与计价文件编制过程和最终成果进行评价
12	消防工程施工组织与管理实训	编制单位工程施工组织与管理文件	一般消防工程施工组织设计文件编制	编制施工管理文件	根据施工组织设计文件的编制过程和最终结果进行评价

3.3 选 择 实 训 项 目

3.3.1 消防工程技术专业的选择实训项目应包括水力学实训、室外消防管道安装实训、消防水炮灭火系统设计实训、气体灭火系统设计实训、消防系统检测实训。

3.3.2 消防工程技术专业的选择实训项目应符合表 3.3.2 的要求。

选择实训项目 表 3.3.2

序号	实训名称	能力目标	实训内容	实训方式	评价要求
1	水力学实训	水力学常用实训	雷诺实验、文丘里实验、孔口实验、管嘴实验、水静压强实验、流体流线实验	实验	实验过程、操作准确、实验报告
2	室外消防管道安装实训	室外消防管道安装与验收	沟槽开挖、管道敷设、阀门及消火栓安装、管道试压、质量检查验收	安装检查验收操作	根据准备工作、完成时间和最终安装与检查验收的成果进行评价
3	消防水炮灭火系统设计实训	消防水炮灭火系统设计	收集资料、方案比选、设计计算、绘制施工图	设计	根据设计计算书、施工图纸以及答辩情况进行评定

序号	实训名称	能力目标	实训内容	实训方式	评价要求
4	气体灭火系统设计实训	气体灭火系统设计	收集资料、方案比选、设计计算、绘制施工图	设计	根据设计计算书、施工图纸以及答辩情况进行评定
5	消防系统检测实训	消防系统检测、编制消防检测报告	消防灭火系统检测、火灾自动报警系统检测、消防设施及设备检测	消防检测	根据准备工作、检测操作过程、检测结果和检测报告进行评价

3.4 拓展实训项目

3.4.1 消防工程技术专业可根据本校专业特色自主开设拓展实训项目。

3.4.2 消防工程技术专业开设二氧化碳灭火系统设计实训、干粉灭火系统设计实训、建筑电气工程设计实训、通风与空调工程设计实训时，其能力目标、实训内容、实训方式、评价要求宜符合表 3.4.2 的要求。

拓展实训项目　　　　　　　　　　　　　　　　　表 3.4.2

序号	实训名称	能力目标	实训内容	实训方式	评价要求
1	二氧化碳灭火系统设计实训	二氧化碳灭火系统设计	收集资料、方案比选、设计计算、绘制施工图	设计	根据设计计算书、施工图纸以及答辩情况进行评定
2	干粉灭火系统设计实训	干粉灭火系统设计	收集资料、方案比选、设计计算、绘制施工图	设计	根据设计计算书、施工图纸以及答辩情况进行评定
3	建筑电气工程设计实训	建筑电气工程设计	收集资料、方案比选、设计计算、绘制施工图	设计	根据设计计算书、施工图纸以及答辩情况进行评定
4	通风与空调工程设计实训	通风与空调工程设计	收集资料、方案比选、设计计算、绘制施工图	设计	根据设计计算书、施工图纸以及答辩情况进行评定

3.5 实训教学管理

3.5.1 各院校应将实训教学项目列入专业培养方案，所开设的实训项目应符合本导则要求。

3.5.2 每个实训项目应有独立的教学大纲和考核标准。

3.5.3 学生的实训成绩应在学生学业评价中占一定的比例，独立开设且实训时间 1 周及以上的实训项目，应单独记载成绩。

4 校内实训基地

4.1 一般规定

4.1.1 校内实训基地的建设，应符合下列原则和要求：

(1) 因地制宜、开拓创新，具有实用性、先进性和效益性，满足学生职业能力培养的需要；

(2) 源于现场、高于现场，尽可能体现真实的职业环境，体现本专业领域新材料、新技术、新工艺、新设备；

(3) 实训设备应优先选用工程用设备。

4.1.2 各院校应根据学校区域、行业和专业特点，积极开展校企合作，探索共同建设生产性实训基地的有效途径，积极探索虚拟工艺、虚拟现场等实训新手段。

4.1.3 各院校应根据学校区域、专业以及企业布局情况，统筹规划、建设共享型实训基地，努力实现实训资源共享，发挥实训基地在实训教学、员工培训、技术研发等多方面的作用。

4.2 校内实训基地建设

4.2.1 基本实训项目的实训设备（设施）和实训室（场地）是开设本专业的基本条件，各院校应达到本节要求。

选择实训项目、拓展实训项目在校内完成时，其实训设备（设施）和实训室（场地）应符合本节要求。

4.2.2 消防工程技术专业校内实训基地的场地最小面积、主要设备名称及数量见表4.2.2-1~表4.2.2-10（按40人教学班配置）。

工程图识读与绘制实训室设备配置标准 表 4.2.2-1

序号	实训任务	实训类别	主要实训资料及设备名称	单位	数量	实训场地面积
1	工程图识读与绘制	基本实训	消防灭火系统施工图、火灾自动报警系统施工图、建筑防排烟系统施工图	套	各41	不小于70m²
			绘图桌椅	套	41	
			绘图仪器	套	41	

计算机辅助设计实训室设备配置标准 表 4.2.2-2

序号	实训任务	实训类别	主要实训资料及设备名称	单位	数量	实训场地面积
1	计算机辅助设计	基本实训	台式计算机	套	41	不小于70m²
			计算机桌椅	套	41	
			CAD软件（网络版40节点）、消防工程相关设计软件（网络版40节点）	套	各1	
			投影仪2500流明	台	1	
			投影幕布120″	幅	1	

序号	实训任务	实训类别	主要实训资料及设备名称	单位	数量	实训场地面积
2	建筑水消防系统设计实训	基本实训	同序号1			
3	建筑防排烟系统设计实训	基本实训	同序号1			
4	火灾自动报警系统设计实训	基本实训	同序号1			
5	消防水炮灭火系统设计实训	选择实训	同序号1			
6	气体灭火系统设计实训	选择实训	同序号1			不小于70m²
7	二氧化碳灭火系统设计实训	拓展实训	同序号1			
8	干粉灭火系统设计实训	拓展实训	同序号1			
9	建筑电气工程设计实训	拓展实训	同序号1			
10	通风与空调工程设计实训	拓展实训	同序号1			

流体力学实验室设备配置标准　　　　　　　表 4.2.2-3

序号	实训任务	实训类别	主要实训资料及设备名称	单位	数量	实训场地面积
1	流体力学实训： 1. 雷诺实验 2. 文丘里实验 3. 孔口、管嘴实验 4. 水静压强实验 5. 流体流线实验 6. 能量方程实验 7. 离心水泵特性曲线测定实验	选择实训	雷诺实验仪	套	4	不小于120m²
			文丘里流量计校正仪	套	4	
			孔口、管嘴仪	套	4	
			水静压强仪	套	4	
			液体流线仪	套	4	
			能量方程仪	台	2	
			离心泵特性曲线测定实验仪	台	2	

工程测量实训室设备配置标准　　　　　　　表 4.2.2-4

序号	实训任务	实训类别	主要实训资料及设备名称	单位	数量	测量仪器室面积
1	工程测量	基本实训	普通经纬仪 DJ6	台	10	不小于30m²
			普通水准仪 DS3	台	10	
			水准尺 3m	把	20	
			钢卷尺 30m	把	10	
			精密经纬仪 J2-2	台	5	

序号	实训任务	实训类别	主要实训资料及设备名称	单位	数量	测量仪器室面积
1	工程测量	基本实训	精密水准仪 DSZ2	台	5	不小于30m²
			精密水准尺	把	5	
			激光垂准仪 DZJ2	台	5	
			激光测距仪 HD50	台	5	
			全站仪 RTS602	台	5	
			棱镜	个	5	
			地下管线探测仪	台	5	

消防灭火演示实训室设备配置标准　　　　　　　　　　表 4.2.2-5

序号	实训任务	实训类别	主要实训资料及设备名称	单位	数量	实训场地面积
1	消防系统检测	选择实训	火灾演示室	间	1	不小于150m²
			消火栓灭火系统	套	1	
			自动喷水灭火系统	套	1	
			七氟丙烷气体灭火系统	套	1	
			泡沫灭火系统	套	1	
			干粉灭火系统	套	1	
			消防水炮灭火系统	套	1	
			防排烟系统	套	1	
			防火卷帘	套	1	
			消火栓灭火系统加压泵	台	2	
			自动喷水灭火系统加压水泵	台	2	
			消防稳压气压装置	套	1	
			火灾自动报警系统	套	1	
			消防检测设备	套	5	
			消防水池	个	1	
			消防高位水箱	个	1	

消防灭火系统施工实训室设备配置标准　　　　　　　　　　表 4.2.2-6

序号	实训任务	实训类别	主要实训资料及设备名称	单位	数量	实训场地面积
1	室内消防管道安装实训	基本实训	砂轮切割机 DGN-300 型	台	5	不小于120m²
			电动套丝机 SQ-100F	台	5	
			手提电钻 ϕ12	台	10	
			冲击钻 ϕ20	台	10	
			台式电钻 ϕ30	台	2	
			工作台 1500×750	套	10	
			手动试压泵 SSY-5	台	10	
			交流电焊机 ZX7-250	台	5	
			DN100 冲槽机	台	5	
			DN100 滚槽机	台	5	

序号	实训任务	实训类别	主要实训资料及设备名称	单位	数量	实训场地面积
2	消防水设备安装实训	基本实训	室外消火栓 DN100	套	5	不小于 120m²
			室内消火栓箱 DN65	套	10	
			消火栓管道系统	套	1	
			消防加压系统	套	1	
			自动喷头 DN15	个	10	
			水流指示器 DN65	个	1	
			信号阀 DN65	个	1	
			报警阀 DN100	套	1	
			自动喷水灭火管道系统	套	1	
			报警控制台	台	1	
			稳压系统	套	1	
			65DL 立式消防水泵	台	4	
			D65 卧式消防水泵	台	4	
			交流电焊机 ZX7-250	台	2	
			阀门 DN65	个	5	
			单向阀 DN65	个	5	
			橡胶柔性接头 DN65	个	10	
			捯链 1T	台	2	
			钢丝绳拉紧器	台	2	

防排烟系统安装实训室设备配置标准　　　　　　表 4.2.2-7

序号	实训任务	实训类别	主要实训资料及设备名称	单位	数量	实训场地面积
1	建筑防排烟系统安装实训	基本实训	砂轮切割机 DGN-300 型	台	5	不小于 120m²
			咬口机	台	2	
			折边机	台	2	
			手提电钻 φ12	台	8	
			冲击钻 φ20	台	8	
			台式电钻 φ30	台	2	
			工作台 1500×750	套	8	
			交流电焊机 ZX7-250	台	5	
			通风机	台	2	
			风机电源控制箱	台	2	
			火灾报警控制器	台	1	
			32 寸彩色显示器	个	1	

序号	实训任务	实训类别	主要实训资料及设备名称	单位	数量	实训场地面积
1	火灾自动报警系统的安装	基本实训	感烟探测器	个	20	不小于 120m²
			感温探测器	个	20	
			火焰探测器	个	20	
			红外探测器	对	4	
			编码器	台	10	
			消防设施检测箱	套	2	
			安装墙（间）	个	10	
			报警按钮	个	10	
			声光报警器	个	10	
			消防电话	套	10	
			消防广播	套	10	
			火灾报警控制器	台	1	
			管理计算机	台	1	
			应急照明	个	10	
			疏散指示标志	个	10	
			防火卷帘	套	1	
			排烟风机	台	2	
			消防水泵	台	4	
			主电源箱	个	1	
			消防电梯控制箱	个	1	
			联动系统管理平台	套	1	

消防工程造价实训室设备配置标准　　　表 4.2.2-9

序号	实训任务	实训类别	主要实训资料及设备名称	单位	数量	实训场地面积
1	消防工程造价	基本实训	台式计算机	套	41	不小于 70m²
			计算机桌椅	套	41	
			安装工程计价软件（网络版40节点）	套	1	
			投影仪 2500 流明	台	1	
			投影幕布 120″	幅	1	

序号	实训任务	实训类别	主要实训资料及设备名称	单位	数量	实训场地面积
1	消防工程施工组织设计	基本实训	台式计算机	套	41	不小于 70m²
			计算机桌椅	套	41	
			施工组织设计软件（网络版 40 节点）	套	1	
			投影仪 2500 流明	台	1	
			投影幕布 120″	幅	1	
			台式计算机	套	41	
			计算机桌椅	套	41	
			施工资料管理软件（网络版 40 节点）	套	1	
			投影仪 2500 流明	台	1	
			投影幕布 120″	幅	1	

说明：以上实训计算机房为共用计算机房。

4.3 校内实训基地运行管理

4.3.1 学校应设置校内实训基地管理机构，对实践教学资源进行统一规划，有效使用。

4.3.2 校内实训基地应配备专职管理人员，负责日常管理。

4.3.3 学校应建立并不断完善校内实训基地管理制度和相关规定，使实训基地的运行科学有序，探索开放式管理模式，充分发挥校内实训基地在人才培养中的作用。

4.3.4 学校应定期对校内实训基地设备进行检查和维护，保证设备的正常安全运行。

4.3.5 学校应有足额资金的投入，保证校内实训基地的运行和设施更新。

4.3.6 学校应建立校内实训基地考核评价制度，形成完整的校内实训基地考评体系。

5 校 外 实 训

5.1 一 般 规 定

5.1.1 校外实训是学生职业能力培养的重要环节，各院校应高度重视，科学实施。

5.1.2 校外实训应以实际工程项目为依托，以实际工作岗位为载体，侧重于学生职业综合能力的培养。

5.2 校 外 实 训 基 地

5.2.1 消防工程技术专业校外实训基地应建立在二级及以上资质的房屋建筑工程施工总承包企业及乙级以上消防工程施工企业。

5.2.2 校外实训基地应能提供与本专业培养目标相适应的职业岗位，并宜对学生实施轮岗实训。

5.2.3 校外实训基地应具备符合学生实训的场所和设施，具备必要的学习及生活条件，并配置专业人员指导学生实训。

5.3 校 外 实 训 管 理

5.3.1 校企双方应签订协议，明确责任，建立有效的实习管理工作制度。

5.3.2 校企双方应有专门机构和专门人员对学生实训进行管理和指导。

5.3.3 校企双方应共同制定学生实训安全制度，采取相应措施保证学生实训安全，学校应为学生购买意外伤害保险。

5.3.4 校企双方应共同成立学生校外实训考核评价机构，共同制定考核评价体系，共同实施校外实训考核评价。

6 实 训 师 资

6.1 一 般 规 定

6.1.1 实训教师应履行指导实训、管理实训学生和对实训进行考核评价的职责。实训教师可以由兼职教师担任。

6.1.2 学校应建立实训教师队伍建设的制度和措施，有计划对实训教师进行培训。

6.2 实训师资数量及结构

6.2.1 学校应依据实训教学任务、学生人数合理配置实训教师，每个实训项目不宜少于2人。

6.2.2 各院校应努力建设专兼结合的实训教师队伍，专兼职比例宜为1∶1。

6.3 实训师资能力及水平

6.3.1 学校专任实训教师应熟练掌握相应实训项目的技能，宜具有工程实践经验及相关职业资格证书，具备中级（含中级）以上专业技术职务。

6.3.2 企业兼职实训教师应具备本专业理论知识和实践经验，经过教育理论培训；指导工种实训的兼职教师应具备相应专业技术等级证书，其余兼职教师应具有中级及以上专业技术职务。

附录 A 本导则引用标准

建筑给水排水设计规范 GB 50015—2003（2009 年版）

自动喷水灭火系统设计规范 GB 50084—2001（2005 年版）

建筑灭火器配置设计规范 GB 50140—2005

气体灭火系统设计规范 GB 50370—2005

水喷雾灭火系统设计规范 GB 50219—95（2005 年版）

二氧化碳灭火系统设计规范 GB 50193—93（2010 年版）

建筑设计防火规范 GB 50016—2014

高层民用建筑设计防火规范 GB 50016—2006

汽车库、修车库、停车场设计防火规范 GB 50067—97

人民防空工程设计防火规范 GB 50098—2009

火灾自动报警系统设计规范 GB 50116—2013

给水排水制图标准 GB/T 50106—2001

建筑给水排水制图标准 GB/T 50106—2010

电气设备用图形符号 GB/T 5465.2—2008

建筑给水排水及采暖工程施工质量验收规范 GB 50242—2002

自动喷水灭火系统施工及验收规范 GB 50261—2005

建筑灭火器配置验收及检查规范 GB 50444—2008

气体灭火系统施工及验收规范 GB 50263—2007

固定消防炮灭火系统施工与验收规范 GB 50498—2009

通风与空调工程施工规范 GB 50738—2011

火灾自动报警系统施工及验收规范 GB 50166—2007

建筑电气工程施工质量验收规范 GB 50210—2011

智能建筑工程质量验收规范 GB 50339—2013

建筑工程施工质量验收统一标准 GB 50300—2013

建筑施工安全检查标准 JGJ 59—2011

建设工程工程量清单计价规范 GB 50500—2013

建设工程项目管理规范 GB/T 50326—2006

建筑施工组织设计规范 GB/T 50502—2009

附录 B　本导则用词说明

为了便于在执行本导则条文时区别对待，对要求严格程度不同的用词说明如下：

1. 表示很严格，非这样做不可的用词：

正面词采用"必须"；

反面词采用"严禁"。

2. 表示严格，在正常情况下均应这样做的用词：

正面词采用"应"；

反面词采用"不应"或"不得"。

3. 表示允许稍有选择，在条件许可时首先应这样做的用词：

正面词采用"宜"或"可"；

反面词采用"不宜"。